Wolfgang Mewes · Günter Nowald · Hartwig Prange

Herausgeber: Deutsche Lufthansa AG

G. Braun

KRANICHE

Mythen · Forschung · Fakten

Herausgegeben von der
Deutschen Lufthansa AG

G. BRAUN BUCHVERLAG

Karl-Friedrich-Straße 14–18, 76133 Karlsruhe
Internet: http://www.gbraun.de
Gestaltung: Robert Dreikluft
Lektorat: Dr. Monika Bachmayer
Lithos: Horlacher & Partner, Heilbronn

Die Deutsche Bibliothek – CIP-Einheitsaufnahme

Mewes, Wolfgang:
Kraniche : Mythen, Forschung, Fakten / Wolfgang Mewes ;
Günter Nowald ; Hartwig Prange. Lufthansa. –
Karlsruhe : Braun, 1999
ISBN 3-7650-8195-7

INHALT

VORWORT

„Wenn die Kraniche ziehen ..." Mit diesem Filmtitel verbinden sich Poesie und Phantasie, Magie und Melancholie, Fernweh und Faszination; all dies gehört mit zu der Anziehung, die Kraniche seit Jahrtausenden auf uns Menschen ausüben. Die Vögel sind eindrucksvolle, elegante Erscheinungen, groß, mit einer kraftvollen Stimme und eigenen Verhaltensweisen – man denke nur an den atemberaubenden Tanz der Kraniche. Sie leben in interessanten Tages- wie auch Jahresrhythmen, und ihnen ist eines der großartigsten Naturschauspiele Deutschlands zu danken: der jährliche Zug Tausender von Vögeln im Herbst. Ein solches Erlebnis läßt unmittelbar spüren, weshalb Kraniche in Märchen und Mythen, in Dichtung und Kunst so vielfältig in Erscheinung treten. In der schöpferischen Phantasie sensibler Menschen sind sie zu einem Teil unserer Kultur geworden, in der sie uns auf verschiedene Art bereichern und begleiten.

Der Kranich lebt mit 15 Arten in fünf Kontinenten. Da regionale, nationale und internationale Arbeits- und Forschungsgruppen weltweit tätig sind, ist die wissenschaftliche wie die populäre Literatur mittlerweile äußerst reichhaltig. Besondere Impulse kommen von der International Crane Foundation in den USA; die European Crane Working Group führt Spezialisten und Naturschützer europäischer Länder zusammen.

Seit Jahren und Jahrzehnten begeistern uns die majestätischen Vögel. Wir haben sie im Brutrevier wie am Rastplatz beobachtet, ihre Lebensgewohnheiten erforscht und zu ihrem Schutz mit beigetragen. Die Kraniche haben uns eine Fülle an Erkenntnissen gegeben, die Berufswege beeinflußt und Freundschaften im In- und Ausland ermöglicht.

Für die beiden älteren Autoren waren die Tiere über Jahrzehnte hinweg die einzige Basis internationaler Kontakte, die nicht ohne Probleme außerhalb des „sozialistischen Weltsystems" aufgebaut und gepflegt werden konnten. Für die dadurch gewonnenen Erfahrungen und für den Gewinn an innerer Freiheit in einem zutiefst unfreien Lebensumfeld sind wir heute noch dankbar.

Das Buch ist allen gewidmet, die sich um den Kranichschutz bemühen. Die ehemals zwei deutschen Arbeitsgruppen wurden nach der Wiedervereinigung 1990 zur gemeinsamen Organisation „Kranichschutz Deutschland" zusammengefaßt; während der vergangenen Jahre ist die Intensität der Arbeit gewachsen, neue Aufgaben und Aktivitäten kommen ständig hinzu.

Die Autoren danken den Mitarbeitern der lokalen Arbeitsgruppen sowie zahlreichen Einzelpersonen und integrierten Verbänden für ihren bisherigen Einsatz; dies in der Überzeugung, daß das inzwischen gefestigte Gemeinschaftswerk engagiert fortgeführt werden wird. Die Tätigkeit vor Ort ist die Grundlage für notwendige Schutzmaßnahmen ebenso wie für die Gewinnung von Daten mit deren Hilfe die Entwicklung der Brutpopulation und das Rastgeschehen nahezu lückenlos beschrieben werden können. Auf dieser gemeinsamen Arbeit bauen wesentliche Aussagen unseres Buches auf.

Zu danken ist der Lufthansa Umweltförderung, die unsere Arbeit finanziell unterstützt und die auch diese Publikation ansehnlich gefördert hat. Dank zu sagen ist nicht zuletzt auch den Fotografen und allen beteiligten Mitarbeitern und Kollegen.

Wir wünschen uns eine gute Aufnahme des Buches und hoffen, daß es dem Schutz des Kranichs dienen und der grandiosen Vogelart neue Freunde gewinnen wird.

Karow, Groß Mohrdorf, Halle, im Mai 1999

Wolfgang Mewes
Günter Nowald
Hartwig Prange

SEIT MENSCHENGEDENKEN

Kranichgeschichte(n)

Kraniche sind auffällige und imposante Tiere, die in vielen Ländern und zu allen Zeiten die Aufmerksamkeit der Menschen beanspruchen und die Phantasien beflügeln. Der Vogel begegnet uns in Fabeln und Märchen, in Dichtung und Kunst, in Redewendungen und Bauernweisheiten. Er wurde zum Wappenträger und Sinnbild, zum Symbol des Frühlings, des Glücks und der Lebenshoffnung.

Wer nennt die Namen?

Es war wohl seine kraftvolle Stimme, die dem Kranich seinen Namen eingebracht hat. Sie ähnelt einem rauhen Trompetenton, der im deutschen *Kranich* und in dessen älteren Formen *Kran, Kranch* oder *Krye* lautmalerisch zum Ausdruck kommt. Das englische Wort *crane* ist nah verwandt. Wahrscheinlich gibt es auch einen Bezug zum griechischen *geranos,* von dem das lateinische *grus* abgeleitet sein dürfte, dem wiederum das italienische *gru,* das französische *grue* oder *grulla* in Spanien folgen.

Nach Isidor von Sevilla (ca. 560–636 n. Chr.) kann die Bezeichnung *grus* auch vom lateinischen *congruere* für „übereinstimmen" abgeleitet werden. Diese Deutung mag den schon damals bekannten synchronen Verhaltensweisen der Vögel folgen: etwa den gemeinsamen Duett- und Warnrufen der Partner oder dem zeitgleichen Starten beim Abflug einer Gruppe.

Der Kranich wurde aber auch selbst zum Namensgeber. So gibt es in Deutschland Orte wie *Kranichfeld* bei Weimar, *Kranichborn* bei Erfurt oder das *Jagdschloß Kranichstein* bei Darmstadt.

Im Fernen Osten kommt den gleichnishaften Geschichten und der reichen Vorstellungswelt um den Kranich eine besondere Bedeutung zu. Vorsatzpapier mit Kranichen, Japan, Ende 19. Jh.

Kaiserliche Kostbarkeit: Kraniche in Keilformation aus dem berühmten „Falkenbuch" Friedrich II., Mitte 13. Jh.

Die Bezeichnungen gehen weniger auf ein natürliches Vorkommen des Kranichs als wahrscheinlicher auf dessen Bedeutung als Symboltier zurück.

In Schweden sind von dem *Tranan* die klangvollen Ortsnamen *Transjö, Tranemo, Tranas* oder *Trankörr* abgeleitet. Für Ungarn findet sich in alten Lexika und Karten eine Vielzahl von Orten, Gehöften, Fluren Tümpeln oder Bächen, die den Kranich als Bezeichnung führen.

Kundige Etymologen haben aber auch noch andere Namensverwandtschaften festgestellt. Die vom Kranich gern aufgenommenen *Kronsbeeren* (Preiselbeeren) heißen auf englisch *Cranberry. Pedigree (pied de grue* = Fuß des Kranichs) wurde zur gängigen Bezeichnung für den Stammbaum, und der *Kran* als langhalsige Hebevorrichtung ist bis heute lebendig geblieben. Mit ihm als *geranos,* der Theatermaschine, hatte bereits Euripides (486–406 v. Chr.) den Deus ex machina auf griechische Theaterbühnen schwenken lassen.

„Angenehme Beute"

Kraniche wurden schon in vorgeschichtlicher Zeit gejagt. Darauf weisen Felszeichnungen in spanischen Höhlen und in Schweden hin, besonders aber die zahlreichen Kranichknochen unter den „Küchenabfällen" vor allem jungsteinzeitlicher Siedlungen aus ganz Europa. Bemerkenswert ist, daß in Ungarn gefundene Kranichknochen aus römischer Zeit etwa 10 bis 20 Prozent größer waren als die der heutigen Vögel. Fleisch und Eier dienten zur Nahrung, Federn als Schmuck und Knochen auch als Werkzeuge. Der antike Dichter Horaz (65–8 v. Chr.) nannte den Kranich eine *angenehme Beute,* hätte er doch nur nicht so viele Sehnen. Noch heute werden auf manchen Märkten Afrikas und Indiens erlegte Kraniche zum Kauf angeboten.

Wie Kraniche zu fangen waren, ist im Jagdbuch des Petrus de Crescentii (Anfang 14. Jahrhundert n. Chr.) nachzulesen. Danach wurden Netze gespannt, in die man in der Dämmerung die Kraniche hineinscheuchte. Außerordentliches Jagdglück hatte der englische König Johann ohne Land am 28.12.1212, als er bei Ashwell in der Nähe von Canterbury neben vielen anderen Vögeln auch sieben Kraniche erbeutet haben soll. Zur Feier dieses seltenen Ereignisses wurden *350 Bettler auf Kosten des Königs bewirtet.* Boccaccio (1313–1375) erzählt, daß auf der

Tafel eines prachtliebenden Florentiners nicht ein ganzer Kranich, sondern lediglich dessen Keule, serviert worden sei. Dem Koch brachte das damals Schwierigkeiten ein, uns ist es ein kleiner Hinweis auf längst erloschene Brut- oder Rastvorkommen in Italien.

Eine kaiserliche Kostbarkeit

Mit seinem berühmten *Falkenbuch,* dem Codex *De arte venandi cum avibus* (Über die Kunst, mit Vögeln zu jagen), hat der Stauferkaiser Friedrich II. in der Mitte des 13. Jahrhunderts ein einzigartiges Zeugnis hinterlassen. Die Prachthandschrift enthält mehr als 500 Farbminiaturen von etwa 80 Vogelarten, unter denen Kraniche (Grus grus und Anthropoides virgo) auf gut 20 Blättern gezeigt und besprochen werden. Dargestellt sind sie beim Sammeln und Ausgraben von Früchten, beim Ruhen im Wasser, auch gegen den Wind stehend, beim Aufbruch vom Schlafplatz und in Keilformation ziehend, aber auch gemeinsam mit Störchen, Reihern, Grau-, Bläß-, Weißwangen- und Schneegänsen. Beschrieben wird außerdem, wie der vom Greif geschlagene Kranich die Krallen zur Verteidigung einsetzt, wie Schwanzfedern und Fußknochen gestaltet sind und wie die Luftröhre das Brustbein schleifenförmig durchzieht.

„Wegen ihres großen Schadens"

Das Denken in Nutzen- und Schaden-Kategorien dürfte so alt sein wie die Kultivierung von Land überhaupt. Nach einem byzantinischen Bauernspruch sei es einfacher, *den Felsen zu bebauen als Felder und Hügel, die den Kranich zum Nachbarn haben.* Daher wurde dieser *Samenräuber* und *Schollenknacker* von den Griechen mit Netzen, Schlingen und Leimruten gefangen. Großgrundbesitzer ließen die Vögel von Feldhütern vertreiben – wie man es auch heute oft genug an großen Rastplätzen versucht.

Die Inanspruchnahme der Saaten durch Kraniche zur Zeit der Kultivierung von Stromtälern und Flußauen in Preußen muß gelegentlich

Um des malerischen Reizes willen zoologisch unbekümmert miteinander vereint: heimische und exotische Vogelwelt auf einem Gemälde von Roelandt Savery, 1628

außerordentlich gewesen sein. Deshalb hat die Administration von König Friedrich Wilhelm I. (1688–1740) die Jagd auf Kraniche *wegen ihres großen Schadens* regelrecht angeordnet.

Der „Vornehmste aller Gefiederten"

In Gefangenschaft wurde dieser *Vogel des allerersten Ranges* (China), dieser *Vornehmste aller Gefiederten* (Indien) schon in früher Zeit gehalten. Davon berichten über 4000 Jahre alte Reliefs in ägyptischen Gräbern der Pharaonenzeit. In der Grabkammer des Ti, die in Sakkara bei Kairo unter dem Wüstensand erhalten blieb, wurden Jungfern- und Graue Kraniche regelrecht von Menschen gehütet. Offensichtlich gehörten Kraniche auch später zum Hausgeflügel; so heißt es bei dem Römer Varro (116–27 v. Chr.): *Ich sah dort große Herden von Gänsen, Hühnern, Tauben, Kranichen, Pfauen, aber auch von Haselmäusen, Fischen, Ebern und sonstigem Jagdwild.* Wie Gänse wurden auch Kraniche als Wächter gehalten, da sie Raubwild und Greifvögel durch lautes Trompeten anzeigen. Zur Zeit Karls des Großen (747–814) wurde allerdings ein salisches Gesetz geändert, und seither ging dieser merkwürdige Brauch verloren.
Erst aus unserem Jahrhundert haben wir dann wieder Nachricht von besonderen Erfahrungen mit einem gezähmten Kranich. Das während der dreißiger Jahren von Förster H. Sieber nördlich von Berlin aufgezogene Kranichmännchen dominierte alles Federvieh und bewachte Haus und Hof wie ein Hund. Nach der Geschlechtsreife paarte es sich sogar mit einem wilden Weibchen, mit dem es im nahen Bruch mehrfach Jungvögel aufzog. Im Herbst aber ließ es seine Familie ziehen und kehrte in das Gehöft zurück. Einen Kranich auf dem Hühnerhof schildert Gustav Freytag in *Die Ahnen* schon für das deutsche Mittelalter.

Zeitenspiegel

Zum Zeitmesser wird der Zug der Kraniche in so manchem Gedicht und in mancher Volksweisheit – die Beziehungen zwischen Zuggeschehen und Wetteränderungen boten den Menschen schon seit alten Zeiten eine Orientierung. Der Schriftsteller Hesiod (um 700 v. Chr.) ermahnt zur zeitgerechten Wintersaat, indem er sagt:

Merke du auf, sobald du des Kranichs Stimme vernommen,
Der alljährig den Ruf von der Höh' aus den Wolken dir sendet;
Bringt er die Mahnung doch zum Säen, verkündet des Winters Schauer …

Und einfache Bauernsprüche fassen den Zeitbezug der Kraniche in wenigen Worten zusammen: *Kommen die Kraniche geflogen, so kommt der Winter gezogen* (Venetien) oder *Ziehende Kraniche nehmen den Herbst mit* (Altmark).

Mythisches

Wenn die Ägypter den Kranich als *Sonnenvogel* begrüßten, dann mag dieser Brauch entstanden sein aus dem überwältigenden Eindruck der im Rot des Sonnenaufganges von den Sandbänken des Nils aufbrechenden Kranichscharen, wie sie Bengt Berg viel später in seinem 1930 erschienenen Buch *Mit den Zugvögeln nach Afrika* so eindrucksvoll beschrieben hat:

Endlich die Kraniche. Unsere heimischen, stolzen schönen Kraniche aus Europa, weißbeschwingte Kronenkraniche aus Afrika und bildschöne perlgraue Jungfernkraniche von den Steppen Asiens. Kraniche in Scharen über die wüstentrockenen Felder zerstreut, Kraniche in fliegenden Phalangen unter dem wolkenlosen tropischen Himmel und Kraniche in Heeren ohne Zahl am Ufer des Weißen Nils.

Nicht nur in Ägypten steht der Kranich mit vorchristlichen Vorstellungen in Zusammenhang: Er gehörte zu griechischen Göttern wie Apoll, dem Gott der Sonne, zu Demeter, der Erd-

und Fruchtbarkeitsgöttin, oder dem Göttersohn Hermes als Herold des Frühlings und des Lichts. Später war es die irische Göttin Manannan, die den Bauern gute Saat und den Seeleuten Schutz bot; sie trug einen Beutel aus Kranichhaut, in dem sich Schätze des Meeres befanden.

Ein Verwandlungskünstler

Der Kranich wird schon im antiken Schriftgut und in der Bibel, später dann auch in Sagen, Fabeln und Märchen in den Dienst des Gleichnisses und Sinnbildes gestellt, das den Menschen auf indirekte Weise anspricht, ermahnt und erzieht.

In der hellenischen Kultur erscheinen Kraniche in unterschiedlichem Zusammenhang. Nach Aristoteles, auf den sich später viele antike Gelehrte beriefen, ziehen die Kraniche *aus den skythischen Ebenen in die oberhalb Ägyptens liegenden Sümpfe, von wo der Nil kommt.* Diese Beschreibung entspricht auch nach heutiger Vorstellung dem Ort der Überwinterung.

Ziehende Kraniche sorgten im Bild der rächenden *Kraniche des Ibykus* für ausgleichende Gerechtigkeit, worauf Friedrich Schiller seine großartige Ballade bezog. Homer erzählt im 3. Gesang der Ilias die Geschichte vom Kampf zwischen Pygmäen und Kranichen, ein Motiv, auf das in späterer Literatur von Aelian (um 170–235 n. Chr.) über Ovids (43 v. – 17 n. Chr.) Metamorphosen bis hin zu Peter Hacks (1990) auf unterschiedliche Art zurückgegriffen wird. Der eigentliche Inhalt dieser Geschichte ist die Verwandlung des Menschen. Bei Aelian ist es die Pygmäen-Königin Gerana selbst, die den Göttern die Ehre verweigerte und deshalb *in einen häßlichen Vogel,* den Kranich, verwandelt wurde.

Der Stein des Kranichs

Aus griechischen Quellen kommt auch das Motiv der Vorsicht und Wachsamkeit, nach dem fliegende Kraniche Steinchen im Schnabel tragen, um sich nicht durch eigene Rufe über dem Taurus zu verraten, wo die gefürchteten Adler horsten.

Im römischen Kulturkreis wurde der Kranich zum Symbol der *Prudentia,* des klugen und vernünftigen Handelns, der *Perseventia,* der Beharrlichkeit, und der *Custodia,* der Sorgfalt des Handelns. Aus der *Vigilantia,* der militärischen und sittlichen Wachsamkeit, entstand der *Grus vigilans,* der Kranich mit dem Stein in der Klaue.

Als „Sonnenvogel" verehrt wurde der Kranich in Ägypten, aber auch als zahmes Haustier gehalten. Relief im Grab des Ptahhotep, 2400 v. Chr.

Diese alte Geschichte hat der Naturkundler Claudius Aelianus (170–235 n. Chr.) überliefert: *Wenn sie ermüdet sind, und irgendwo Land antreffen, so ruhen die Übrigen des nachts aus und schlafen; drei oder vier aber wachen für die Anderen, und um die Wache nicht zu verschlafen, stehen sie auf einem Beine um das andere, und halten in dem aufgehobenen Fuße einen Stein fest und vorsichtig mit den Klauen, damit, wenn ja etwa der Schlaf sie beschleichen sollte, das Geräusch des fallenden Steines sie aufwecke.*

Ein frühes Bild vom wachenden Kranich hinterließ bereits Aristoteles, indem er schrieb: *Wenn sie sich zur Ruhe niederlassen, schlafen die andern, den Kopf unter die Flügel gesteckt, abwechselnd auf einem Fuß, der Führer aber hält mit offenen Augen Ausschau; und sobald ihm etwas auffällt, gibt er es mit lauter Stimme kund.* Dieses einprägsame Motiv hat die literarische Runde gemacht, ist in der Emblematik tief verwurzelt und findet sich an Häusern und Burgen, in Wappen und Insignien. Ebenso eingängig wie doppelsinnig heißt es im Giebelfeld des *Kranichhauses* in Otterndorf:

Der Kranich hält den Stein,
des Schlafs sich zu erwehren.
Wer sich dem Schlaf ergibt,
kommt nie zu Gut und Ehren.

Den folgenden schönen Vers dagegen entnehmen wir dem *Lust- und Arzneigarten vom königlichen Propheten Daniel:*
Der Kränch bey Nacht ein Stainlein in den Klauen fürsichtig helt, daß er unachtsam schlaffe nicht:
Also wann wir der welt zu vil un leichlich trauen, das Creuz uns wiederum ermahnt der rechten pflicht.
Kirchenvater Ambrosius verwendet den Kranich mit dem Stein in ähnlicher Weise als ein Gleichnis für die Furcht vor Gott zum Schutz gegen die Sünde und das Teufelswerk. Wie die Kraniche das Fallen des Steines, so sollen die Menschen den Ruf der Kirche – die Glocke – hören. Wie schwache Vögel von den stärkeren getragen werden, so sollen die Menschen es untereinander halten. Ging es bei dieser Aufforderung an den einzelnen und die Gemeinschaft um einen moralischen und diakonischen Auftrag, so erscheint die folgende, dem Gotenkönig Athalarich aus dem 6. Jahrhundert n. Chr. zugeschriebene Passage – hier ohne den steintragenden Kranich – wie ein frühes Zeug-

nis demokratisch-gemeinschaftlichen Denkens: *Kraniche wachen abwechselnd und sichern sich mit einer gemeinsamen Wache. Sie geben Ehre niemand Besonderem, sondern allen. Ihre Führer im Fluge wechseln sich ab, so daß der Erste der Letzte wird und umgekehrt. Keiner macht dem anderen seinen Platz streitig. So leben sie einmütig durch einen freiwilligen Dienst und geben ein gutes Beispiel für ein Gemeinwohl.*

Biblisch wahr

In der Auseinandersetzung polytheistischen Denkens der klassischen Antike mit dem Glauben an den einen Gott des Urchristentums entstehen neue Sinnzusammenhänge, die auch den Kranich hier und dort einbeziehen. Die Bibel wirkt als das gesprochene Wort Gottes in die christliche Gemeinde aller Zeiten. Im Alten Testament beklagt der Prophet Jeremia (Kapitel 7 Vers 8) in starken Worten die Glaubensschwäche des Volkes Israel, wobei er den Kranich gleichnishaft einsetzt:

Dennoch will dieses Volk zu Jerusalem irregehen für und für (...). Ich sehe und höre, daß sie nichts Rechtes reden. Keiner ist, dem seine Bosheit leid wäre und der spräche: Was mache ich doch!
Ein Storch unter dem Himmel weiß seine Zeit, eine Turteltaube, Kranich und Schwalbe merken ihre Zeit, wann sie wiederkommen sollen; aber mein Volk will das Recht des Herrn nicht wissen.

Märchenhaft

Nicht mahnend und streng, sondern eher spielerisch und poetisch wird in Märchen und Fabeln vieler Länder immer wieder von unserem Vogel erzählt.
In der wehmütigen Geschichte *Die Kranichfeder* aus Jakutien geht es um einen Kranich, der sich

Schönheit im Tod.
Ein Kranich als so kostbare Beute, daß ein repräsentatives Gemälde daraus wurde. 17. Jh.

in ein wunderschönes Mädchen verwandelt, um schließlich einen Menschenmann zu heiraten. Eines Tages aber findet sie ihr abgestreiftes Federkleid wieder und schwingt sich wieder als Kranich – flüchtig wie der Sommer und die Liebe – von der Erde in den Himmel hinein.

Auf die Persiflierung menschlicher Verhaltensweisen zielen dagegen das russische Märchen von *Reiher und Kranich* und das finnische von *Fuchs und Kranich.* In dem einen möchte der Fuchs vom Kranich das Fliegen erlernen, scheitert aber seiner Natur gemäß ganz kläglich. Eine andere, deutsche Version dieser Fabel meint die egoistische Habsucht, als Fuchs und Kranich sich gegenseitig zu einem Mahl einladen, das sie nur selbst verzehren können: Der Fuchs tafelt auf einer flachen Schale und der Kranich aus einem langhalsigen Bottich.

Beide Märchen sind eng verwandt mit der Fabel vom *Wolf und Kranich.* Dieser befreit zwar den Wolf vom Knochen, der ihm im Halse steckenblieb, wird aber um den versprochenen Lohn betrogen. Diese Geschichte hat im Mittelalter große Faszination ausgeübt, wie die verschiedenen bildlichen Darstellungen in Kirchen und literarischen Interpretationen zur Moral der Sache zeigen.

Vermenschlicht und individualisiert erscheint der Kranich in Tiergeschichten. Besonders eindrucksvoll ist Haanpääs (1905–1955) Erzählung *Der flügellahme Kranich,* der nicht mit in den Süden ziehen kann und sich im harten finnischen Winter seiner Feinde erwehren muß. Die Tragik der Geschichte liegt darin, daß er als scheinbarer Sieger am Ende doch noch zum Opfer wird.

Sprichwörtliches

Eine Fülle von Sprichworten und Redewendungen macht die tiefe Verwurzelung des Kranichs im Gedankengut verschiedenster Völker beispielhaft deutlich.

Wenn ein Kranich fliegt, schlägt auch die einfachste Fliege mit den Flügeln: Ein kleiner Mann sollte seine Grenzen kennen (Japan).

Die Stimme eines einzelnen Kranichs ist besser als das Zirpen von tausend Spatzen: Ein Hinweis auf die Bedeutung des bedachten Wortes aus seriösem Mund (Japan).

Wenn man einen Spatzen nimmt, verliert man einen Kranich: Etwas Bewährtes soll nicht ohne weiteres geändert werden (Japan).

Ein Kranich unter vielen Hühnern: Jemand ragt besonders hervor (China, Japan).

In der Figur kranichgleich (China) oder *Er steht wie ein Kranich* (Rußland): Rank und schlank, stolz und aufrecht; ein Bild von Haltung und Charakter.

Eine Meise (Spatz) in der Hand ist besser als ein Kranich am Himmel (Pragmatismus aus Rußland und Deutschland).

Dichtung und Wahrheit

In der Literatur des Abendlandes begegnet uns der Kranich auf vielfältige Weise. Die Anregungen wirken fort, und auch neue und neueste Werke nehmen die Geschichten um den Vogel zum Thema. Zu denken ist an die Gedichte und Strophen von Wilhelm Busch (1832–1908), *Der kluge Kranich* oder an *Die Kraniche des Ibykus* von Friedrich Schiller (1759–1805), an *Der Kranich* von Nikolaus Lenau (1802–1850), *Die Kraniche* von N. M. Rubcow (1976) oder an Ewald von Kleists (1715–1759) *Der gelähmte Kranich.*

In Ernst Wiecherts (1887–1950) *Die Jeronim-Kinder* dient der Kranich zur Beschreibung eines ländlichen Lokalkolorits, in dem der Eierräuber Gogun die Gelege und Jungvögel raubt, um sie an die Gutsbesitzer der Umgebung zu verkaufen.

Im Film *Wenn die Kraniche ziehen* des russischen Regisseurs Michail Kalatosow, der auf das Drama von Viktor S. Rozow *Die ewig Liebenden* zurückgreift, fliegen die Vögel immer dann durch das Bild, wenn es um den Tod des Helden Boris geht.

In Tschingis Aitmatows Novelle *Frühe Kraniche* geht es um Liebe in der Kriegszeit, um dieses immerwährende Gefühl als Ausdruck höchster

Kraniche als Symbol des Glückes und langen Lebens auf einer japanischen Schale, 19. Jh.

Menschlichkeit. Kraniche spielen ihre Nebenrolle als Künder des nahen Frühlings, ihr früher Zug bedeutet im kirgisischen Volksdenken Glück und eine gute Ernte. In dieses Poem fließen gleichermaßen asiatische und abendländische Vorstellungen wie auch realistische und übertragene Bedeutungen ein, die den heimkehrenden Vogel zum Symbol des Frühlings, der Liebe und Lebensfreude, aber auch zur Mahnung gegen Krieg, Entfremdung und Entzweiung machen.

Beliebte Bilder

In der bildenden Kunst ist der Kranich von den ältesten Zeiten bis in die jüngste Gegenwart präsent: Auf Tafel- und Wandbildern, als Miniatur und Illustration, in kunsthandwerklichen und plastischen Arbeiten – in Textil oder Keramik, in Holz und Stein, in Bronze, Edelmetallen und vielen anderen Materialien und Techniken. Die Wiedergabe des Kranichs in Bildern ist – besonders in Asien – so weit verbreitet, daß hier einige Anmerkungen genügen müssen.

Besonders schöne Beispiele bietet in der christlichen Kunst der grandiose Markusplatz in Venedig, wo auf den reichen Mosaiken der Kirche San Marco die Kraniche mit anderen Vögeln darauf warten, in die Arche Noah eingelassen zu werden. Als weiteres Schlaglicht sei an Albrecht Dürer erinnert, der auf einem Stich Justitia mit dem steintragenden Kranich an ihrer Seite zeigt, wohl meinend, daß dem gerechten Richter die Tugend der Wachsamkeit gut anstehe. In der Emblematik erscheint das Bild des Vogels bereits 1589 in den *Emblemata* des Nikolaus Reusner, um in ungezählten Emblembüchern auf die eine und andere Art, besonders häufig jedoch als *Grus vigilans* mit dem Stein im Fuße abgebildet zu werden; eine Bildtradition, die in dem 1962 erschienenen Roman *Kranich mit dem Stein* von Josef Martin Baer eine bis in die jüngere Vergangenheit reichende Fortsetzung fand.

Der Kranich wurde zum Wappenvogel für Länder (Kronenkranich in Uganda), Städte (Kransberg im Taunus) und Fürstenhäuser (die Reußen mit Schloß Burgk bei Schleiz), für Hauszeichen mittelalterlicher Buchdrucker (Wittenberg, Frankfurt/M., Basel, Leiden, Lyon, Venedig, Thorn, Sevilla), zum Familiensignet und zum Markenzeichen moderner Verkehrsmittel. So trugen die Automobile von Hispano Suiza einen Kranich auf dem Kühler, und einige Fluggesellschaften sehen sich unserem Vogel besonders verbunden: Japan Air Lines, Uganda Air Lines, Xiamen Air Lines in China. Die Deutsche Lufthansa AG verwendet ihn seit 1926 als Firmensignet, das bereits 1918 von Otto Firle als Werbechef der Vorläuferfirma, der Deutschen Luft-Reederei, in Berlin geschaffen wurde.

Im Jahr 1914 hatte der Maler August Macke, Mitglied des „Blauen Reiter", ein Plakat mit dem Flugbild des Kranichs für den Kunstverein Jena gestaltet, der dessen überregionale Bedeutung und Langlebigkeit – bis 1933 und wieder ab 1990 – quasi sinnbildlich vorausnahm und in die Zukunft wies.

Möge der vielfältige Kranich auch im kommenden Jahrtausend ein Symbol der hoffnungsvollen Zuversicht bleiben.

Ein Symbol anderer Art ist der Vogel auf dem Kranichfelder Notgeld aus dem Jahr 1921

SCHREITEN
TANZEN
SPRINGEN
RUFEN

Grus grus und seine Artmerkmale

Mit seinen langen Beinen schreitet der Kranich über die Felder, um Nahrung zu suchen.

Der elegante, langhalsige und langbeinige Graue Kranich ist ein Schreitvogel, der eine Höhe von 110 bis zu 130 Zentimetern erreicht. Auffällig sind die schwarz-weiße, kontrastreiche Kopf- und Halszeichnung, die federlose rote Kopfplatte, das aschgraue Gefieder, das dem Vogel seinen Namen gibt, sowie die weit tragende, trompetenähnliche Stimme. Im Flug hält er Hals und Beine gestreckt und ist damit vom Graureiher, der mit s-förmig gebogenem Hals fliegt, gut zu unterscheiden. Zu verwechseln ist Grus grus dagegen eher mit dem im Flugbild ähnlichen Weißstorch, der aber eine stärkere Schwarz-Weiß-Zeichnung und eine geringere Spannweite aufweist. Diese reicht beim Kranich von 220 bis zu 245 Zentimetern. Anders als Störche, ziehen Kraniche wie Gänse in keil- oder kettenförmigen Verbänden. Sie sind Ruderflieger, können aber bei günstiger Thermik kreisend an Höhe gewinnen und im Segelflug gleiten, allerdings nicht in der Perfektion wie Störche.

Die Geschlechter sind äußerlich kaum zu unterscheiden. Männchen werden jedoch im Mittel etwas größer als Weibchen und erreichen ein Gewicht von gut fünf bis sieben Kilogramm, die Weibchen von knapp fünf bis sechs. Die Jungvögel des ersten Jahres haben ein geringeres Gewicht. Damit verbunden ist eine verminderte Belastbarkeit und eine höhere Verlustquote. Der über zehn Zentimeter lange Schnabel ist keilförmig und schlank.

Multifunktional und nuancenreich

Wie bei anderen Vögeln auch reguliert das Gefieder die Körpertemperatur des Kranichs, schützt vor Witterungsunbilden und mechanischen Einflüssen, ermöglicht das Fliegen und

Anders als sonst häufig im Tierreich: äußerlich sind Kranich-Männchen und -Weibchen kaum zu unterscheiden.

bietet Tarnung – dies besonders in der sensiblen Phase des Brutgeschäftes. Federn übernehmen darüber hinaus aber auch bestimmte Funktionen im Sozialverhalten – wie etwa das Aufstellen der Schmuckfedern als „Imponiergehabe“.

Das Gefieder erwachsener Kraniche hat im allgemeinen außer am Kopf eine hellgraue Tönung in zahlreichen Nuancen. Nahezu weiße bzw. sehr dunkle Kraniche kommen äußerst selten vor, es dürfte sich dabei um Mutationen handeln. Die Hand- und Armschwingen sowie die Schwanzfedern sind schwarz. Die zu Schmuckfedern umgewandelten Humeralfedern (Fittichfedern am Flügel), die bei angelegten Flügeln meist mit dem Schwanz verwechselt werden, haben sehr unterschiedliche Farbwerte und variieren von grau bis schwarz. Als sogenannte „Schleppe“ hängen sie bei Altvögeln weit über den Schwanz hinweg. Bei Erregung werden sie angehoben und können neben der roten Kopfplatte als „Stimmungsbarometer“ angesehen werden. Diese schönen Federn mit ihren zarten Strahlen suchen ihresgleichen und waren in früheren Jahrhunderten Grund genug zur Kranichjagd. Sie zierten bei Hofe so manches Damenhaupt und führten nicht selten zur Dezimierung, ja sogar zur Ausrottung der Bestände.

Die Federn gefärbt

Beobachtet man im Brutrevier oder auf den Frühjahrsrastplätzen gerade eben aus dem Winterquartier zurückgekehrte Vögel, so sind deren Rückenfedern hellgrau. Bei Brutvögeln sind sie dagegen ab April oft hell- bis dunkelbraun – eine Färbung, die man lange Zeit auf das Säubern des schmutzigen Schnabels am Rückengefieder zurückgeführt hat. Bert Brüshabers aufschlußreiche Aufzeichnungen aus Nordschweden bieten eine andere Erklärung dafür. Der Eutiner Forscher beobachtete 1990 im April und Mai, also zu einer Zeit, während der in der Natur die Farben wechseln, fünf Paare, die sich in einem Zeitabstand von zwei bis drei Tagen erst rostbraun, dann dunkelbraun bis schwarzbraun auf Schulter- und Rückenpartie selbst einfärbten. Er beschreibt den Vorgang so: „Das Kranichweibchen ging vom Brutplatz zielstrebig auf einen Punkt an der Moorkante am Fuße eines Berges zu. Dort holte es aus circa 13 bis 15 Zentimetern Tiefe eine rostbraune, schleimige Masse, legte sie mit dem Schnabel auf die Schulterpartie und strich sie mit Schnabel, Kopf und Hals von der Schulter über den Rücken aus. Das dauerte acht bis zehn Minuten. Nun postierte sich der Kranich zum Trocknen aufgerichtet mit dem Rücken zur Sonne. Die Flügel wurden dabei etwas angehoben. Das dauerte etwa fünf Minuten. Danach flog das Kranichweibchen zum Brutplatz zurück.“ Untersuchungen an weiteren Kranichen belegen, daß das Einfärben ein aktiver Vorgang ist und vermutlich einer besseren Tarnung dient. Die unterschiedliche Intensität der Farbe hängt von dem zur Verfügung stehenden Substrat in den Brutrevieren ab.

Von Jahr zu Jahr

Flügge Jungvögel sind deutlich auszumachen. Das Jugendkleid zeigt eine fast gleichmäßige hellgrau-braune Färbung, wobei der Kopf mehr rötlich-sandfarben ist und noch keine Schwarz-Weiß-Zeichnung aufweist, die Schmuckfedern sind noch nicht ausgebildet. Im nächsten Frühjahr kann man die vorjährigen Vögel noch gut an diesen Merkmalen erkennen, auch wenn sich bereits eine schwache Hell-Dunkel-Zeichnung an Kopf und Hals herauszubilden beginnt. Im Laufe des zweiten Lebensjahres ändert sich die Gefiederfärbung so weit, daß diese Tiere kaum noch von den Altvögeln zu unterscheiden sind; lediglich die Schleppe ist in der Regel weniger stark ausgeprägt. Kehren die Jungtiere

Körperpflege. Jeden Tag wird das Gefieder sorgfältig aufgeschüttelt, werden die einzelnen Federn durch den Schnabel gezogen und mit dem Fett der Bürzeldrüse imprägniert.

das zweite Mal aus dem Winterquartier zurück, ist es nicht mehr möglich, sie optisch von den Erwachsenen zu trennen. Im dritten Jahr findet nach neuesten, „telemetrisch" gewonnenen Erkenntnissen auch die erste Großschwingenmauser statt, bei der die Kraniche binnen weniger Tage alle Hand- und Armschwingen verlieren und deshalb von circa Mitte Mai bis Anfang Juli flugunfähig sind.

Des Kranichs neue Kleider

Die mausernden Junggesellen finden sich teilweise zu Gruppen an sehr ruhigen, störungsfreien Plätzen mit sicheren Schlafgewässern zusammen. Sie sind dann sehr scheu und verhalten sich so unauffällig, daß kaum eine Beobachtung gelingt. Den größten Teil des Tages verwenden sie für die Nahrungssuche, da in fünf bis sechs Wochen ein Großteil des Gefieders

Ihre trompetenartigen Rufe bringen die Kraniche mit hochgerecktem Hals und weit geöffnetem Schnabel hervor.

neu aufgebaut werden muß und deshalb ein hoher Energiebedarf vorliegt.
Brutvögel mausern im Brutrevier, wenn sie ihre Jungen führen. Meist ist es nur der eine Partner eines Paares, der dann flugunfähig großen Gefahren ausgesetzt ist. Altvögel mausern wahrscheinlich nur alle drei bis vier Jahre, da die Schwungfedern des überwiegend am Boden lebenden Vogels nicht so stark belastet werden. Diese Annahme wird dadurch erhärtet, daß ein 1990 beringter Vogel im Jahr 1996 als mausernder, Junge führender Altvogel erneut gefangen wurde.
Die Kleingefiedermauser findet bei den Kranichen jährlich vom Frühjahr bis zum Herbst kontinuierlich statt, so daß man in den Brutrevieren, vor allem aber an den Sammel- und Rastplätzen Federn unterschiedlicher Körperbereiche entdecken kann. Bei besonderem Glück findet man auch einmal die attraktiven Schmuckfedern der Schleppe.

Mit- und Nebeneinander

Der Kranich lebt ab dem dritten, meist erst ab dem vierten Lebensjahr in Dauerehe und bewohnt während der Fortpflanzungszeit ein Revier, das von beiden Partnern verteidigt wird. In diesem Territorium zieht das Paar ein bis zwei Junge auf, die noch während des nächsten halben Jahres in der Familie bleiben und von den Alten lernen. Unter dem Schutz der erfahrenen Eltern können sie – zu Beginn mit nur mäßigem Erfolg – die verfügbare Zeit der Nahrungssuche widmen.
Den überwiegenden Teil des Jahres verbringen Kraniche in einer mehr oder weniger großen Gemeinschaft von Artgenossen unterschiedlichen Alters an den Sammelplätzen im Brutareal sowie auf den Rast- und Überwinterungsplätzen.
Der Kranich lebt überwiegend am Boden. Hier findet er seine Nahrung und baut sein Nest, das gewöhnlich in nassen Feuchtgebieten in knietiefem Wasser steht, um größere Sicherheit vor Wolf, Fuchs, Schwarzwild und anderen Raubtieren zu bieten. Aufgrund seiner ständigen Wachsamkeit sowie seines ausgezeichneten Seh- und Hörvermögens heißt es landläufig, daß der Kranich „auf jeder Feder ein Auge" hätte.
Im täglichen „Time-Budget" der Kraniche ist das Individualverhalten von besonderer Bedeutung für das Überleben des Vogels. So suchen die Tiere über viele Stunden am Tag nach Nahrung, wobei es am späten Vormittag und frühen Nachmittag entsprechende Aktivitätsmaxima geben kann. Dabei schreiten die Vögel normalerweise langsam voran. Zwischendurch putzen sie sich, ruhen oder suchen soziale Kontakte.
Beim Putzen werden die Federn einzeln durch den Schnabel gezogen und die gelösten Federstrahlen wieder zusammengefügt. Der Kranich bearbeitet alle Körperstellen und verteilt dabei das Fett der Bürzeldrüse mit Schnabel und Kopf, um die Federn zu imprägnieren. Alle Tätigkeiten werden immer wieder durch ständiges Sichern unterbrochen.

Fliegen und Laufen

Die Vögel bewegen sich durch Fliegen und Laufen, seltener durch Schwimmen fort. Dem Auffliegen vom Boden geht in der Regel eine flugeinleitende Haltung voraus. Kopf und Hals werden zehn bis 20 Sekunden bogenförmig in Flugrichtung gestreckt, wovon für die anderen Kraniche durch Stimmungsübertragung Signale ausgehen.
Nach wenigen schnellen Schritten und einem letzten Abstoßen mit den Beinen heben die Vögel nahezu gleichzeitig vom Boden ab. So wird z. B. das Verhalten einer Kranichfamilie synchronisiert und ihr Zusammenhalt beim Start gesichert. Im Flug werden Kopf und Hals horizontal gestreckt, die Beine ragen weit über den Schwanz hinaus. Nur bei großer Kälte und vor allem beim Abflug vom Schlafplatz können die Beine auch ins Bauchgefieder eingezogen

werden, um stärkeren Wärmeverlust und lokale Unterkühlungen zu vermeiden.

Rituale und Signale

Das innerartliche Verhalten regelt die komplexen Beziehungen zwischen den verschiedenen Individuen, wobei der roten, federlosen Platte am Oberkopf eine besonders große Bedeutung zukommt. Sie schwillt bei unterschiedlichster Erregung und tritt dabei noch kräftiger gefärbt in Erscheinung.

Tiere, die ihr Revier gegen einen Eindringling verteidigen, drohen zunächst und attackieren den Gegner erst dann, wenn er sich so nicht einschüchtern läßt. Meist verteidigt zuerst das Männchen das eigene Terrain. Es kann aber auch die ganze Familie beteiligt sein. Gleichrangige Vögel können sich mit angelegtem Gefieder und ausgestreckten Hälsen so gegenüberstehen, daß sich die Schnäbel fast berühren und nach kurzem Verharren vor- oder aufwärts hacken, bis ein Vogel zurückweicht. Dieser wird dann laufend und fliegend verfolgt, bis er die Reviergrenze wieder überschritten hat. Bei härteren Auseinandersetzungen können die Vögel auch hochspringen und die Beine nach vorne werfen, um den Gegner zu treten. Es gibt eine Fülle von Verhaltensweisen, die dazu dienen, den Gegner einzuschüchtern und zum Rückzug zu zwingen. Durch deren Ritualsierung wird die Verletzungsgefahr herabgesetzt und Energie gespart. Geraten Kraniche in innere Konflikte zwischen Angriff und Rückzug, kann es zu sogenannten „Übersprunghandlungen" kommen, die sich z.B. in einem „Scheinputzen" oder „Scheinpicken" ausdrücken. In seltenen Fällen ist bei Revierstreitigkeiten zu beobachten, daß einer der „Kampfhähne" in den Intertarsalgelenken einknickt, sich mit ausgestrecktem Hals auf die Erde legt und die Flügel ausbreitet. Auch das scheint eine Übersprunghandlung zu sein, die ebenfalls bei brütenden Vögeln auftreten kann. Wird ein Kranich kurz vor dem Schlüpfen der Küken am Nest gestört, so kann es gesche-

Schmetterndes Rufen des Kranichpaares im Duett; Nachklang jeder Kopulation.

hen, daß er das Nest nicht verläßt, sondern sich in der beschriebenen Weise neben oder auf das Nest legt. Der Konflikt zwischen Brutpflege und Fluchtreflex wird bei ihm dann auf diese Art „gelöst".
Die Brutfürsorge bildet einen Komplex aus Füttern, Hudern, Führen und Verteidigen der Jungen. Eine besondere Strategie der Feindabwehr ist dabei das sogenannte „Verleiten". Geraten die Jungen in Gefahr, so stellt sich ein Elternteil krank, indem er sich mit vorgestrecktem Hals und hängenden, abgespreizten Flügeln, oft hinkend, von der Familie fortbewegt, um Raubtiere bzw. Menschen wegzulocken. Der andere Partner versucht in dieser Zeit, die Jungen in Sicherheit zu bringen.

Eher auf Distanz

Das Verhalten von Kranichen gegenüber anderen Vögeln bzw. Säugern ist äußerst variantenreich und situationsbedingt.
Nähert sich z. B. ein Fuchs einer Kranichgruppe auf dem Acker, so wird er kaum zur Kenntnis genommen. Die Kraniche weichen bei allzu großer Annäherung ein wenig aus und lassen den Fuchs ziehen. Manchmal wird der Räuber aber auch von übermütigen Vögeln aus der Gruppe vertrieben, die gemeinsam einen Scheinangriff starten. Im Brutrevier dagegen kann er für die Jungen sehr gefährlich werden; insbesondere dann, wenn die Eltern gestört wurden und sich entfernt haben. Aber auch ein schlafend brütender Altvogel kann ebenso wie ein Jungkranich, der sich in der Dämmerung von der Gruppe entfernt hat, vom Fuchs erbeutet werden.
Von Rehen und Rotwild lassen sich Kraniche gewöhnlich nicht beunruhigen, sie profitieren eher vom Sichern dieser Tiere. Das Schwarzwild kann Gelege und Nachwuchs gefährden, wenn der Zugang zum Nest bei geringem Wasserstand erleichtert ist. Aber auch dann werden Wildschweine vom Kranichpaar angegriffen und häufig in die Flucht geschlagen.

Risiko von oben

Darüber hinaus gefährden verschiedene Vogelarten das Gelege und den Nachwuchs. Sämtliche Greifvögel werden in der Brutphase als Bedrohung empfunden und genauer beobachtet. Der wachende Partner verjagt sie, sobald sie in das nähere Brutrevier eindringen. Gleiches gilt für den Kolkraben und für andere Rabenvögel, denen es aber immer wieder gelingt, Eier zu rauben, und dies vor allem dann, wenn die Kraniche bei Störungen das Nest verlassen haben. Seeadler können sogar ausgewachsenen Kranichen gefährlich werden. Bei einem Angriff am Schlafplatz oder auf Äsungsflächen fliegt die Gruppe auf oder rückt blitzschnell zu einer „Burg" zusammen und gibt gleichzeitig Warnrufe ab. Stößt der Adler tatsächlich herab, richten die Kraniche dem Angreifer ihre Schnäbel speerspitzenartig entgegen.
Im mecklenburgischen Binnenland, aber auch an der Ostseeküste der Rügen-Bock-Region, kann man vor allem während der Herbstrast immer wieder Seeadler bei Angriffen auf Kraniche beobachten. Ihr Jagderfolg ist aber äußerst gering. Bei über 30 Attacken haben wir kein Opfer feststellen können. Vermutlich werden Seeadler vor allem kranken und schwachen Vögeln gefährlich. Anders sieht es mit dem Jagderfolg des Steinadlers aus. Russische Wissenschaftler haben bei ihren Untersuchungen zum Beutespektrum des Steinadlers mehrfach die Überreste von Kranichen im Horstbereich gefunden. Auch in Spanien waren Biologen Augenzeugen eines erfolgreichen Steinadlerangriffs.

Geglückte Anpassung

Der Kranich gilt als sehr scheuer Vogel, der normalerweise Fluchtdistanzen von 200 bis 400 Metern hat. Eine Gewöhnung an immer wiederkehrende Ereignisse wie Straßen- oder Bahnverkehr sowie landwirtschaftliche Aktivitäten ist aber offensichtlich.
Andererseits erkennen die Vögel aus Erfahrung frühzeitig aktuelle Gefährdungen. Diese Form des Lernens wird in der Verhaltensforschung als „Habituation" bezeichnet und ist Grundlage für ein Überleben in unserer intensiv genutzten Kulturlandschaft.

Trillern, Piepen, Knurren

Die kraftvolle Stimme des Kranichs ist jedem Schüler, wenn nicht aus der Natur, so doch aus Friedrich Schillers großartiger Ballade von den „Kranichen des Ibykus" bekannt. Auch wir schauen zum Himmel, wenn im Frühjahr oder Herbst die Kraniche ziehen, wenn wir schon aus weiter Ferne ihre trompetenartigen Rufe vernehmen, jedoch noch keinen Vogel entdecken können. Näher und näher kommen sie, lauter und lauter werden die Stimmen, bis endlich die im Keil fliegende Gruppe über uns hinwegzieht.
Kraniche haben sehr verschiedene Rufe, die im sozialen Verhalten wichtige Funktionen besitzen und nur im Zusammenhang mit diesen richtig interpretiert werden können.
Die ersten Lautäußerungen sind (für den Menschen) bei Küken etwa einen Tag vor dem Schlüpfen zu hören. Es ist ein behaglich trillernder Ton, der Kontaktlaut, der auch von den geschlüpften Jungen geäußert wird, wenn sie Wohlbefinden beim Hudern oder Füttern ausdrücken wollen. Der Erregungslaut ist bei Jungen dann zu hören, wenn sie von den Eltern getrennt sind und sich verlassen fühlen. Es ist ein durchdringendes, pfeifendes Piepen. Mit einem klagenden Piepen betteln die Jungen schließlich um Futter bei den Eltern.
Die Altvögel äußern am Nest bei der Brutablösung oder später, wenn die Jungen geschlüpft sind, tiefe und knurrende Nestlaute. Sie sind nur aus kurzer Distanz zu hören und gelten dem Partner oder den Jungvögeln. Kontaktrufe dienen in allen Lebenslagen der Verständigung der Familienmitglieder untereinander. Scharfe vokallose Töne, die einem Knurren nahe kommen, werden bei Gefahr vom Boden her oder

aus der Luft ausgestoßen, um die Jungen zu warnen und zur Flucht oder zum Drücken zu veranlassen.

Wie Trompetenschall

Berühmt machten den Kranich dessen trompetenartige Rufe, die kilometerweit zu hören sind. Sie werden durch eine 100 bis 130 Zentimeter lange Luftröhre ermöglicht, die in einer Doppelschlinge in das Brustbein eingebettet ist und einen großen Resonanzraum bildet.

Allen Lautäußerungen voran steht der sogenannte „Duett-Ruf", bei dem es sich um eine zeitlich koordinierte Tonfolge beider Partner eines Paares handelt. Das Männchen beginnt z. B. mit ein bis zwei Tönen, und das Weibchen gibt zwei, drei oder vier höhere Töne dazu. Es kann aber auch das Weibchen anstimmen und der männliche Partner sich anschließen. Einer derart schmetternden Rufreihe folgen häufig weitere Duette, die regelmäßig im Morgengrauen aus den Brutrevieren zu hören sind. Sie werden bei vielen Gelegenheiten – fast immer aber nach der Kopulation – ausgestoßen. Sie animieren oft auch benachbarte Paare zum Rufen. Die Partner nehmen dabei eine typische Haltung ein, indem sie Kopf und Schnabel aufwärts richten. Der Hals ist leicht nach hinten geneigt und die Schwingen werden angehoben, wobei das Männchen die Flügel gleichzeitig mehr oder weniger zu Boden drückt. Beide Partner stehen eng beieinander oder bewegen sich während der Rufreihen langsam nebeneinander fort. Das Duett ertönt besonders zur Brutzeit, vorgetragen wird es aber auch bei verschiedenen Situationen der Erregung auf den Sammel- und Rastplätzen.

Ein ähnlich lauter Ruf ist der Warnruf, der bei einer Gefahrensituation von einem Paar oder auch von mehreren Vögeln gleichzeitig ausgestoßen wird. Bei Paaren ruft ein Partner mit nach vorn gestrecktem Hals, der zweite folgt mit einem tieferen (Männchen) oder höheren (Weibchen) Laut, worauf der erstere wieder einstimmt. Dadurch kommt es zu einem Doppelruf, der bei Störungen in den Brutrevieren häufig und über weite Distanzen zu hören ist. Ist die Gefahr vorüber, kehrt wieder Ruhe ein. Schließlich ist der laute Kontaktruf zu nennen, der in der Gruppe wie auch von suchenden Einzeltieren geäußert wird und besonders häufig erschallt, wenn der Sichtkontakt eingeschränkt ist – beim Fliegen im Nebel und in der Dunkelheit – oder wenn eine stärkere Zugstimmung besteht. Große Ruffreudigkeit auf den Feldern und an den Schlafstellen, an denen die Vögel nicht zur Ruhe kommen, kündigen den bevorstehenden Abzug an.

Wasser – ein wesentliches Lebenselement des Kranichs – ist auch zum Baden da.

VON NICHTS KOMMT NICHTS

Ernährung und Erwerbsstrategien

Von den Alten an die Jungen. Ein Elternteil gibt ein Maiskorn an seinen Nachwuchs weiter; die Jungvögel lernen so Zug um Zug neue Nahrungsquellen kennen.

Vor allem auf herbstlichen Stoppelfeldern, aber auch im Uferbereich von Gewässern wird nach Nahrung gesucht; Fische gehören allerdings nur selten zur Beute.

Auf abgeernteten Getreidefeldern: Körnerpicken im Duett.

„Hochkonzentriert" auf der Suche nach Insekten und Larven.

Generalisten kontra Spezialisten

Kraniche sind Allesfresser. Ihre sehr vielseitige Nahrungspalette reicht von Kleinsäugern, Reptilien, kleinen Fischen, Fröschen, Schnecken, Würmern, Insekten und Insektenlarven über Mais-, Gersten-, Weizen- und Haferkörner, Sonnenblumenkerne, Erbsen und Bohnen bis hin zu Erdnüssen, Oliven, Beeren, Eicheln, Gemüsearten, Kartoffeln und verschiedensten Pflanzenwurzeln, -sprossen und Halmen. Eine derartige Variationsbreite bietet dem großen Vogel nur Vorteile, sollte man meinen – der Tisch dürfte überall gedeckt sein.
Tatsächlich bedeutet die geringe Spezialisierung ein Plus in der Hinsicht, daß Kraniche nicht auf eine bestimmte Beute angewiesen sind. Dies ist für einen Zugvogel, der in seinen Brut-, Rast- und Überwinterungsgebieten z. T. völlig verschiedene Bedingungen vorfindet, besonders wichtig. Gleichzeitig ist eine flexiblere Anpassung an wechselnde Umweltbedingungen möglich. Zum Beispiel finden Kraniche seit einigen Jahrzehnten entlang ihres Zugweges immer mehr Regionen mit intensivem Mais- und Getreideanbau vor. Auf diesen Feldern profitieren sie während der Herbstrast von den Ernterückständen, während sie im Frühjahr wie im Winter einen Teil der Neusaaten nutzen.
Ein wesentlicher Nachteil der geringen Spezialisierung sind zahlreiche Nahrungskonkurrenten, die teilweise besser an eine bestimmte Beute angepaßt sind. Auf den abgeernteten Mais- und Getreidefeldern können sich beispielsweise unzählige Saat- und Bläßgänse einfinden, so daß für jeden Einzelvogel weniger ausgefallenes Korn zur Verfügung steht.

Magere Zeiten

Auf ihrem Heimzug zum Ende des Winters in die Brutgebiete machen Kraniche in bestimmten Rastgebieten halt, um ihre Energiereserven aufzufüllen oder um bessere Wetterbedingungen abzuwarten. Es ist der Jahresabschnitt mit dem ungünstigsten Nahrungsangebot. Insekten und andere Wirbellose sind der Kälte wegen wenig aktiv und damit für Kraniche nicht erreichbar. Außerdem haben die Beutetiere am Ende des Winters ihr Populationstief. Zum Beispiel nimmt der Bestand an Wühlmäusen erst im weiteren Jahresverlauf wieder zu.

„Bei jedem Schluck muß das Huhn einen Blick gen Himmel tun“ – und der Kranich auch.

Die bevorzugte „Beute“ während der Frühjahrsrast sind Weizen- und Gerstenkörner, die Feldern mit Neusaaten entnommen werden; aufgelaufene Saat ist dagegen nur von geringem Interesse. Teilweise stehen auch Ernterückstände des Herbstes auf Stoppelfeldern zur Verfügung. Aufgrund des hohen Nahrungsbedarfs zur Frühjahrsrast müssen die großen Vögel gelegentlich über 80 Prozent ihrer Zeit zum Fressen nutzen, dabei können täglich bis zu 300 Gramm Körner aufgenommen werden.

Fette Beute

Vollkommen anders stellt sich die Situation dagegen im Frühsommer dar. Neben den großen Populationen an verschiedensten Insekten sind jetzt auch die Bestände der kleinen Wirbeltiere stark angestiegen. Damit ist die Versorgung mit tierischen Proteinen gewährleistet. Aus der Analyse von Kotproben konnten im mecklenburgischen Brutraum die folgenden Nahrungsbestandteile während der Jungenaufzucht nachgewiesen werden: Lauf-, Schwimm- und Schnellkäfer, Kurzflügler, Heuschrecken, Spinnen, Schmetterlingsraupen und Pflanzensamen. Sobald die Jungvögel ein Alter von mehreren Wochen erreicht haben, stehen auch größere Nahrungsbrocken wie z. B. Mäuse auf ihrem Speisezettel. Die Altvögel reichen den Jungen zunächst die Beute mit dem Schnabel, bis sie die Nahrungssuche erlernt haben.

Zum Ende des Sommers und im Herbst ist das Nahrungsangebot reichlich. Gesucht wird vor allem nach Ernterückständen, d. h. nach ausgefallenen Körnern auf landwirtschaftlichen Nutzflächen, besonders auf Mais- und Getreidestoppeln. Der hohe Energiegehalt von Mais und Getreide und eine oft hohe Körnerdichte ermöglichen es den Tieren, jetzt Zeit in die Körperpflege zu investieren, da anders als im Frühjahr nur etwa 40 bis 60 Prozent der Zeit dem Fressen gewidmet werden muß. Neben der guten Futtersituation im Spätsommer und im Herbst wird das Zeitbudget der Tiere durch die längeren Tage positiv beeinflußt. Außerdem ist weniger Eile geboten – schließlich müssen sie nicht wie im Frühjahr rasch in ihre Brutreviere zurückkehren, um möglichst viel Zeit für die Jungenaufzucht zu sichern.

Auf Neusaaten von Wintergetreide finden sich Kraniche dann ein, wenn die Nahrung auf den Stoppelfeldern ausgeht oder diese frühzeitig umgebrochen werden. Insekten sind eine willkommene Ergänzung.

Spanische Eicheln

Die traditionelle Nahrung im Hauptüberwinterungsgebiet, in der Extremadura und in Andalusien im Südwesten Spaniens, sind die Früchte der Stein- und Korkeichen. Die lichten mediterranen Eichenwälder, die *Dehesas,* sind das Ergebnis einer über Jahrhunderte währenden extensiven Landnutzung. Die Kraniche fressen hier in Familienverbänden oder kleinen Gruppen von meist weniger als 50 Vögeln, wobei die harte Schale der Eicheln mit dem Schnabel geöffnet wird, um an das Fruchtfleisch zu kommen. Die Kraniche sind damit Nahrungskonkurrenten der dunklen iberischen Hausschweine, die zur Mast in die Wälder getrieben werden. Ohne Beweidung würde die Landschaft schnell verbuschen und ohne offene Wiesenflächen für die Kraniche als Nahrungsreservoir unbrauchbar werden. Neben den pflanzlichen Komponenten nehmen die Vögel auch geringe Mengen tierischer Nahrung zu sich. Bei Kotanalysen im benachbarten Portugal konnten vor allem Ameisen nachgewiesen werden.

Im Rast- und Überwinterungsgebiet der „Laguna de Gallocanta“ zwischen Zaragoza und Madrid zählen Sonnenblumenkerne zum beliebtesten Futter. Durchschnittlich fressen Kraniche dort knapp 200 Gramm Getreide pro Tag.

Strategie und Taktik

Kraniche haben mit ihrem langen pinzettenartigen Schnabel, dem langen Hals und den langen Beinen gute Voraussetzungen für verschiedene

Strategien des Nahrungserwerbs. Ihre Jagdtechnik ist auf die entsprechende Beute, auf deren Dichte und Verfügbarkeit sowie auf die Beschaffenheit des Habitates abgestimmt.

Auf Wiesen und Weiden suchen Kraniche überwiegend nach Insekten, aber auch nach Würmern und Nagetieren. Diese Beute ist nicht gleichmäßig verteilt, wie etwa Weizenkörner im Saatbett. Hier laufen die Tiere daher mit raumgreifenden Schritten große Bereiche der Fläche ab. Auf den Gräsern und Kräutern sitzende Insekten, wie etwa Heuschrecken, werden gezielt und ruckartig von der Oberfläche abgelesen, Würmer und im Boden lebende Insektenlarven dagegen durch Wühlbewegungen freigelegt. Dabei stechen Kraniche mit fast geschlossenem Schnabel in vegetationsfreie Bereiche des Erdreichs, etwa in flache Maulwurfshügel oder in durch Schwarzwild umgebrochenen Boden. Nach dem Einstich wird der Schnabel leicht geöffnet und seitlich bewegt. Im etwas härteren Boden wird das Erdreich mit dem Schnabel durch wiederholtes Einstechen erst einmal gelockert, um an die Beute heranzukommen.

Auf Neusaatflächen lesen Kraniche zuerst die an der Oberfläche liegenden Getreidekörner ab. Zusätzlich wird ein Teil des Saatgutes durch Wühlen freigelegt. Bei der gleichmäßigen Verteilung der Körner im Saatbett sind sie mit dieser Technik sehr erfolgreich, wobei sie sich wegen der hohen Nahrungsdichte vergleichsweise langsam über ein Feld bewegen.

Auf Stoppelfeldern lesen Kraniche die bei der Ernte ausgefallenen und an der Oberfläche liegengebliebenen Getreidekörner auf, oder sie picken Maiskörner aus den auf der Fläche verbliebenen Kolben.

Das Hinunterschlucken der Körner geht immer mit einem Hochziehen des Kopfes einher.

Eine willkommene Beute, auf die ein Kranich eher zufällig trifft, ist eine Maus oder – im Wasser – ein Fisch. Diese werden mit dem spitzen Schnabel eher „erdolcht“ als gefangen.

Den Kopf in eine Furche stecken, um im lockeren Erdreich nach frisch gesäten Körnern zu wühlen.

ÜBERALL UND NIRGENDWO

Verbreitung und Bestandsentwicklung

Der Kranich färbt sein Rückengefieder mit Moorerde ein, um während der Brut besser an seine Umgebung angepaßt zu sein.

Die Brutgebiete des Grauen Kranichs liegen im Nordosten Europas und im Norden Asiens.
Das geschlossene europäische Brutgebiet, das bis in das Zentrum von Mitteleuropa hineinreicht, wird im Westen durch Aller und Elbe und im Süden durch den 51. Breitengrad (Höhe Leipzig – Dresden) markiert. Die Grenzen des Vorkommens decken sich ungefähr mit der Ausbreitung des nordischen Tieflandeises, das eine an Gewässern, Sümpfen und Mooren reiche Landschaft zurückließ. Die natürlichen Lebensbedingungen sind hier offensichtlich so günstig, daß die Kraniche ihr Verbreitungsgebiet weitgehend gehalten haben. Frühere Brutvorkommen in West- und Südeuropa sind dagegen verloren gegangen, wobei ungeklärt ist, ob

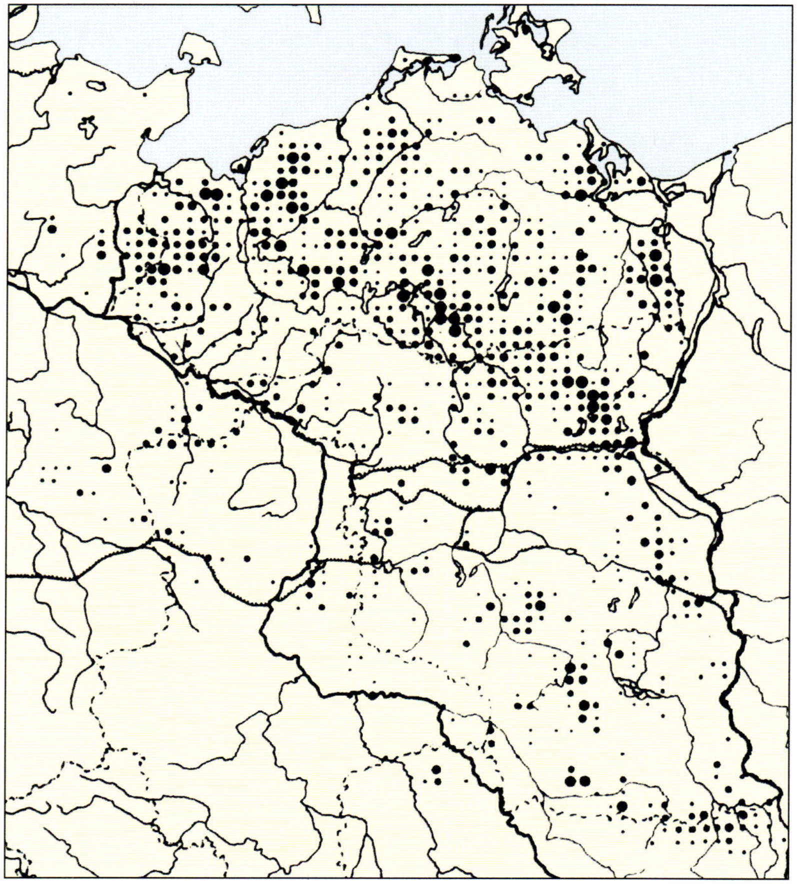

es sich um Relikte eines früher zusammenhängenden Verbreitungsgebietes oder um isolierte Vorkommen handelte, die nach der Eiszeit an günstigen Standorten entstanden.

Im Norden

In Nordeuropa kommt der Graue Kranich in den Ländern *Dänemark, Norwegen, Schweden* und *Finnland* vor.

Dänemark ist in Jütland schwach besiedelt. Aus drei Brutplätzen der 60er Jahre hat sich dieser Bestand inzwischen auf acht bis zehn Paare in vier Gebieten vergrößert. 1990 wurde auch Bornholm besiedelt, 1997 brüteten dort bereits drei Paare an zwei Standorten. Auch die Insel Läsö im Nordosten Dänemarks ist inzwischen die Brutheimat eines Paares.

Für *Norwegen* schätzt man einen Brutbestand von 1000 Paaren. Die Brutgebiete liegen vorwiegend in den südlichen Landesteilen, sind aber auch in Mittel- und Nordnorwegen einschließlich der Finnmark zu finden.

Schweden ist heute fast vollständig vom Kranich besiedelt. Vor der Jahrhundertwende war die Art aus den südlichen Provinzen und von den großen Ostseeinseln verschwunden. Seit den 50er Jahren unseres Jahrhunderts sind diese Gebiete wieder besiedelt worden, die Ausbreitung hält gegenwärtig noch an. Der Brutbestand für Süd- und Zentralschweden wird auf 1300 Paare beziffert, für das ganze Land werden insgesamt 12500 Brutpaare vermutet.

Auch in *Finnland* sind Kraniche landesweit verbreitet. Nur wenige Brutpaare gibt es im Süden im Bereich der großen Seen, und auch nördlich der Waldgrenze ist der Kranich selten. Der Bestand wird mit insgesamt 5000 bis 7000 Brutpaaren als stabil eingeschätzt. Dies gilt, obwohl es durch weiträumige Entwässerungsmaßnahmen zu Verlusten an Mooren und damit immer mehr zu einer Verschiebung der Brutplätze an Seeufer und in Küstennähe gekommen ist.

Mittendrin

In Mitteleuropa siedelt der Kranich in *Polen, Tschechien* und *Deutschland.*

In *Polen* ist er in weiten Teilen des Landes allgemein verbreitet, wobei die westlichen und nördlichen Regionen am dichtesten besiedelt sind. Eine einheitliche Erfassung des Brutbestandes steht noch aus, doch ist nach neueren Erkenntnissen mit einem Brutbestand von mindestens 3000 Paaren zu rechnen.

In *Tschechien* finden sich die südlichsten Brutvorkommen in Nordböhmen, nachdem im Kreis Česka Lipa 1985 eine Neubesiedlung stattfand. Seitdem ist diese Gegend wie auch der Kreis Dečin als Brutregion von insgesamt sechs Paaren bewohnt. In Westböhmen erfolgte die erste Neuansiedlung im Jahr 1992.

Durch *Deutschland* verläuft die westliche Verbreitungsgrenze von Grus grus, Näheres weiter unten.

Östlich

In Osteuropa ist der Kranich in den baltischen Staaten *Litauen, Lettland* und *Estland,* in *Weißrußland* und in nördlichen Gebieten der *Ukraine* verbreitet. Das europäische und asiatische *Rußland* ist ebenso besiedelt wie es nördliche Regionen *Chinas,* der *Mongolei* und *Kasachstans* sind.

In den letzten 100 Jahren erfuhr das Brutgebiet mit dem Verlust von Brutplätzen durch Trockenlegungen von Feuchtgebieten so bedeutende Veränderungen, daß sich die Südgrenze im europäischen und mittelasiatischen Teil des Areals um 300 bis 400 Kilometer nach Norden verschoben hat. Vor Jahrzehnten brüteten Kraniche noch im Süden *Georgiens,* in *Armenien,* in der südlichen *Ukraine* und am Nordostufer des *Aralsees.* Diese Brutgebiete sind inzwischen weitgehend verlassen. Dagegen dürfte sich an der dünnen Besiedlung im östlichen *Sibirien* und im *Fernen Osten* kaum etwas geändert haben.

Um Mißverständnissen vorzubeugen, sei am Rande noch vermerkt, daß es vor Jahren üblich war, das Verbreitungsgebiet des Grauen Kranichs in eine westliche (Grus grus grus) und

Kranichbrutpaare in Deutschland (1994)
- · 1 Brutpaar
- · 2–3 Brutpaare
- • 4–6 Brutpaare
- • > 6 Brutpaare

(bez. auf MTB/Q)

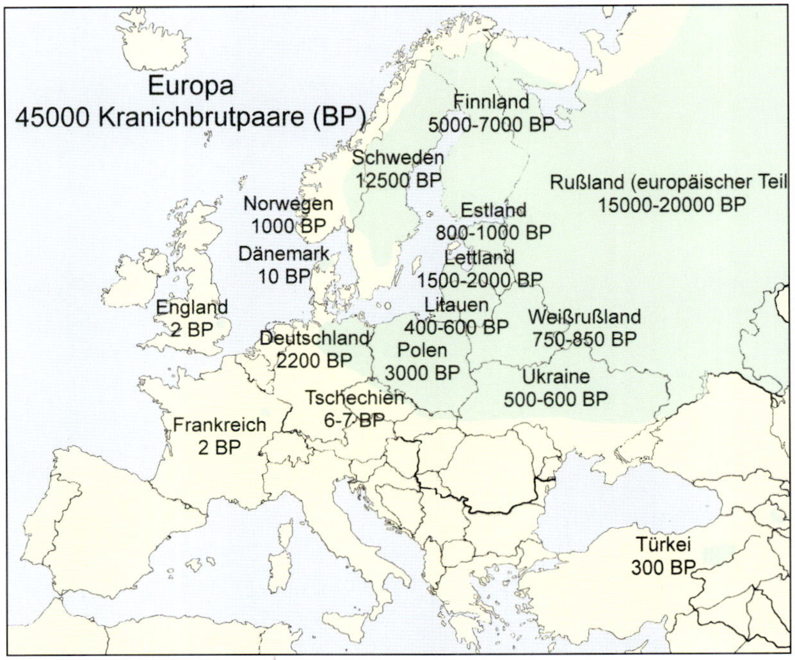

Das Brutgebiet des Grauen Kranichs reicht geschlossen von Deutschland über Skandinavien, die Ukraine und Rußland bis nach Asien. Kleinere isolierte Vorkommen gibt es in Dänemark, England, Frankreich und vielleicht auch schon in Ungarn.

eine östliche (Grus grus lilfordi) Unterart einzuteilen. Nach dieser Vorstellung brütete der etwas kleinere und hellere Lilfordkranich östlich des Urals. Im Nordosten wurde das Kolymagebirge, im Südosten die Mongolei als Grenze dieser Unterart angenommen. Heute wird diese Spezifizierung von Grus grus nicht mehr benutzt, da sich keine eindeutigen Unterscheidungsmerkmale festlegen lassen.

Isoliert

Nachdem eine – wahrscheinlich nicht oder nur teilweise ziehende – Brutpopulation der *Türkei* mit etwa 200 bis 500 Vögeln seit langem bekannt ist, wird neuerdings auch von einer eigenständigen Population mit bis zu 1000 Vögeln in *Tibet* berichtet. Während für Kleinasien ein Rückgang anzunehmen ist, scheint die tibetische Population, die gemeinsam mit dem nahe verwandten Schwarzhalskranich in den Hochtälern des Himalaja vorkommt, stabil zu sein. Dagegen sind die im nordöstlichen *China* brütenden Grauen Kraniche, die früher eine allgemeine Verbreitung hatten, als Folge des starken Bevölkerungsdrucks und der dadurch bedingten Kultivierungsmaßnahmen selten geworden.

Sporadisch

In *England* brüteten in zahlreichen Feuchtgebieten Kraniche, deren Bestand durch Trockenlegungen und durch die Einführung effektiver Jagdwaffen im 16. und 17. Jahrhundert rasch abnahm, um dann gegen 1650 ganz zu erlöschen.

Nach zahlreichen Zug- und gelegentlichen Winterbeobachtungen im Südosten Englands blieb im Jahr 1979 ein Paar im Brodland-Distrikt von Norfolk zurück, wo es 1982 erstmals brütete. 1988 waren es schon zwei Paare, von denen eines einen Jungvogel aufzog. Bis 1997 blieb es bei diesen beiden Brutpaaren, die im Herbst nicht wegziehen.

In *Italien* sind die letzten Brutvorkommen für das Jahr 1881 in den Lagunen bei Venedig und im Podelta belegt, während in *Spanien* vor der Jahrhundertwende in der bedeutenden Brutregion der südspanischen Laguna de La Janda bis zu 40 Paare vorgekommen sein sollen. Seit 1954 gibt es keine Brutnachweise mehr aus dieser Region.

In *Frankreich* brütete von 1985 bis 1991 in der Normandie ein Kranichpaar, welches in diesem Zeitraum neun Junge erfolgreich aufzog. Seit 1995 brütet ein Paar regelmäßig in Lothringen (die Lage der Brutplätze wird zum Schutz der Tiere nicht bekannt gegeben).

Für *Bayern* stammten die letzten Nachweise aus der Mitte des 19. Jahrhunderts, wo beispielsweise im Erdinger Moos, im Moos von Schlehdorf am Kochelsee, im Ismaninger Moos und südlich des Staffelsees im Murnauer Moos Kraniche gebrütet haben. Im Jahr 1996 wurde wieder ein Kranichpaar in Bayern nachgewiesen, das erfolgreich gebrütet haben soll.

In *Rheinland-Pfalz* befand sich im Reichswalder Bruch nordwestlich von Landstuhl um 1858 das letzte Brutrevier.

Der älteste überhaupt bekannte Brutplatz auf deutschem Boden soll im Erzgebirge in den ausgedehnten Hochmooren bei Elterlein gelegen haben, worüber der Chronist Jenisius schon 1605 berichtete.

An der Wende zum 20. Jahrhundert verschwanden die brütenden Kraniche auch aus *Österreich,* wo sie zuletzt am Neusiedler See vorgekommen waren.

In *Ungarn* war der Kranich im 19. Jahrhundert ein regelmäßiger Brutvogel des Moorgebietes Hanyság und südöstlich des Plattensees sowie an zahlreichen anderen Orten, vor allem aber in den ausgedehnten Sümpfen von Theiß und Donau im Karpatenbecken. Sämtliche Brutgebiete gingen zwischen dem Ende des 19. und der Mitte des 20. Jahrhunderts verloren, nachdem Feuchtgebiete trockengelegt waren und den Kranichen zunehmend nachgestellt wurde. Aus neuerer Zeit wurde mehrfach ein Brutverdacht aus Ostungarn mitgeteilt. Wiederansiedlungen im hervorragend betreuten Hortabágy-Nationalpark dürften nur noch eine Frage der Zeit sein, denn hier übersommern inzwischen alljährlich einige 100 Kraniche.

Wenige Brutvorkommen hat es in früherer Zeit auch in anderen Balkan-Ländern *(Rumänien, Jugoslawien, Albanien, Bulgarien)* gegeben. Aus *Griechenland* stammt der letzte und südlichste europäische Nachweis. Noch 1965 brütete im Ebros-Delta an der Grenze zur Türkei ein Paar.

Der Verlust der beschriebenen isolierten Brutgebiete ist auf menschliche Aktivitäten wie Trockenlegung und Kultivierung von Feuchtgebieten, Eiersammeln und rigorose Bejagung, sowie auf wechselnde ökologische Bedingungen wie Wassermangel oder Trockenheit zurückzuführen. Unter den heute verbesserten Schutzbedingungen und den Möglichkeiten eines gezielten Managements von Feuchtgebieten ist mit der einen oder anderen Wiederbesiedlung zu rechnen.

Erfreulich

Trotz seiner besonderen Ansprüche an den Lebensraum und der Größe des Vogels nimmt die Anzahl der Kraniche in Deutschland heute wieder zu. Wie groß der Brutbestand im letzten Jahrhundert war, ist nicht bekannt. Eine Erfassung von W. Baer aus der Zeit um 1900 ergab ungefähr 350 bis 450 Paare für die Gebiete innerhalb der heutigen Landesgrenzen. Es ist aber naheliegend, von einem deutlich höheren Bestand auszugehen, da bei weitem nicht alle Brutplätze erfaßt werden konnten. Aus den gleichen Gründen wie in den anderen europäischen Ländern waren auch in Deutschland in den zurückliegenden Jahrhunderten stetig Brutplätze verloren gegangen, was nicht nur zur Abnahme des Bestandes, sondern auch zum Erlöschen ganzer Brutregionen führte. Der Tiefstand der Kranichpopulation wurde wahrscheinlich in den 60er Jahren unseres Jahrhunderts mit weniger als 600 Brutpaaren erreicht. Spätestens seit Mitte der 70er Jahre wird wieder ein Bestandsanstieg beobachtet, der zur Erhöhung der Siedlungsdichte, zur Wiederbesiedlung ehemals aufgegebener Gebiete und zur Erweiterung des Brutareals nach Westen und Nordwesten führt. Als Ursachen für diese erfreuliche Entwicklung werden ein intensiver nationaler und internationaler Schutz, eine allmähliche Anpassung der Kraniche an die Aktivitäten der Menschen (von denen mittlerweile keine direkten Nachstellungen mehr ausgehen), eine große Vielfalt von genutzten Brutplätzen, eine relativ hohe Nachwuchsrate in Mitteleuropa sowie ein verändertes Zug- und Überwinterungsverhalten angesehen.

Kranichreich

Das kranichreichste Bundesland ist *Mecklenburg-Vorpommern* im Nordosten der Bundesrepublik. Es beherbergt heute mit etwa 1100 bis 1200 Brutpaaren rund 50 Prozent des Gesamtbestandes, danach folgt *Brandenburg* mit etwa 800 Paaren, die 33 Prozent ausmachen. In *Niedersachsen* brüten etwa 150 Paare (sechs Prozent), in *Sachsen* ungefähr 70 Paare (drei Prozent), in *Sachsen-Anhalt* sind es 60 Paare und in *Schleswig-Holstein* circa 110 Paare, die drei bzw. fünf Prozent entsprechen. In *Hamburg* und *Berlin* sind drei bis fünf bzw. zwei Brutplätze bekannt.

Die Zunahme der Brutpaare setzte zuerst in Mecklenburg-Vorpommern und Brandenburg, den Kerngebieten der Kranichverbreitung, ein. In den südlichen und westlichen Nachbarländern verzögerte sich die Zunahme und Neubesiedlung um etwa zehn Jahre. Die Verbreitungskarte (siehe S. 28) zeigt, daß die meisten Paare in Deutschland östlich der Elbe brüten. Inzwischen sind ehemals erloschene Brutgebiete in Schleswig-Holstein, Niedersachsen und Bayern wieder besiedelt. Von 1972 bis heute wurden etwa 100 Kilometer in westlicher bzw. nordwestlicher Richtung vom Kranich zurückerobert. In Mecklenburg-Vorpommern kommt der Kranich auf ganzer Länge des Landes bis an die Ostseeküste vor, wenn auch nur in geringer Dichte. Lediglich für die Insel Rügen gibt es bis heute aus unerklärlichen Gründen keinen Brutnachweis.

Je besser, desto dichter

Die höchste Siedlungsdichte in Deutschland erreicht der Kranich in der Mecklenburgischen Seenplatte, die sich nordöstlich nach Brandenburg hineinzieht. Diese abwechslungsreiche Landschaft ist ein Mosaik aus Seen, Mooren, Wäldern und landwirtschaftlich genutzten Flächen. Sie wurde von der Weichseleiszeit vor etwa 18 000 Jahren geformt und bietet dem Kranich ausreichend Feuchtgebiete. Außerdem ist hier die menschliche Siedlungsdichte relativ niedrig und damit die Zersiedlung der Landschaft vergleichsweise gering. Der Kranich erreicht in diesem schönen, abwechslungsreichen Landstrich eine Dichte von durchschnittlich sieben bis acht Brutpaaren auf 100 Quadratkilometer. Kleinräumig sind dann mehr Brutpaare zu registrieren, wenn auf engem Raum optimale, ungestörte Brut- und Nahrungsreviere zur Verfügung stehen. Dabei können in Ausnahmefällen zwei oder drei Nester bis auf weniger als 100 Meter nebeneinander liegen. Trotz der teilweise hohen Dichte in diesen Landschaften sind die Kraniche zur Brutzeit nur schwer zu entdecken oder zu beobachten, da sie dann sehr heimlich leben und in der Landschaft „verschwinden". Es sollten aber alle Versuche unterlassen werden, Nester zu suchen, da dies zu Störungen und damit zu Gelegeverlusten führen kann.

Die Siedlungsdichten in anderen Bereichen des norddeutschen Tieflandes, d. h. im überwiegenden Teil des Verbreitungsgebietes, sind weitaus geringer als in der Seenplatte. Mecklenburg-Vorpommern weist im Durchschnitt nur noch eine Dichte von 4,5 bis 5, Brandenburg dagegen von 2,5 bis 3 Brutpaaren pro 100 Quadratkilometer auf. In allen anderen Bundesländern, in denen Kraniche vorkommen, liegt die Besiedlung großflächig unter einem Paar.

Weltweit

Die günstige Situation des Grauen Kranichs im nördlichen, mittleren und westlichen Europa ist ein Ergebnis der insgesamt akzeptablen Schutzmaßnahmen. Sie sind allerdings die Voraussetzung dafür, daß die Kranichpopulation auch in Zukunft stabil bleiben kann.

Für *Europa* darf zur Zeit ein Bestand von über 42 000 bis 50 000 Kranichpaaren angenommen werden (Abb. S. 29). Zu den Brutpaaren kommen die Jungvögel und die noch nicht geschlechtsreifen Tiere hinzu, die, so vermutet man, insgesamt etwa den gleichen Anteil wie die Altvögel ausmachen. Die Population besteht demnach insgesamt aus etwa 160 000 bis 180 000 Kranichen.

Unter Berücksichtigung der Angaben von etwa 60 000 Paaren oder 240 000 Kranichen in der früheren *UdSSR* sowie bei Hinzufügen kleinerer Bestände aus *China*, der *Mongolei*, der *Türkei* und *Tibet* ist weltweit mit mindestens 300 000 Kranichen der Art Grus grus zu rechnen. Diese Einschätzung liegt über der von Meine und Archibald (1996) mit 220 000 bis 250 000 geschätzten Kranichen. Übereinstimmung mit den beiden Autoren besteht jedoch darin, daß im Augenblick die westwärts ziehenden Populationen eine Bestandszunahme, die osteuropäischen, vor allem aber die asiatischen, lokale Abnahmen aufweisen. Als Ursachen dieser Bestandsrückgänge werden die weitere Zerstörung der Lebensräume durch Entwässerungen, eine Gefährdung der Brutplätze durch Flächenbrände und Überschwemmungen sowie eine teilweise starke Bejagung der Vögel genannt. Seit Ende der 80er Jahre wird in Rußland versucht, dem Töten von Kranichen durch Schutzbestimmungen und Aufklärung entgegenzuwirken, wobei der Erfolg dieser Bemühungen zur Zeit nicht einzuschätzen ist.

WIE DIE ALTEN SUNGEN

Brutgeschäft und Jungenaufzucht

Seit eh und je hat der Tanz der Kraniche die Phantasie der Menschen beflügelt und dem Vogel einen Platz in Mythen, bildender Kunst und Dichtung gesichert.

Zu Seite 35:
Höhepunkt des Tanzes ist die Kopulation. Das Weibchen lockt durch Aufrichten des Körpers, Abwinkeln der Flügel und gurrende Laute das Männchen zum Aufspringen.

Die Nesthügel – aus altem Pflanzenmaterial des Brutplatzes im Wasser gebaut – können einen Durchmesser von einem Meter erreichen.

Sehen, aber möglichst selber nicht gesehen werden; brütender Kranich im Birkenbruch.

Der Winter war in diesem Jahr hart. Die Seen und Bäche sind noch vereist, Schneereste bedecken Wälder und Felder, doch strahlende Sonne und warme Luftströmungen künden den kommenden Frühling an. Auf einmal sind vertraute „Gru-gru"-Rufe aus der Luft zu vernehmen. Eine kleine Kranichgruppe zieht aus Südwesten vorüber. Plötzlich lösen sich aus ihr zwei Kraniche und kreisen über einem Waldgebiet, das jährlich Brutrevier ist. Sie lassen laute und durchdringende Rufe erschallen und landen auf einer Wiese am Rande des Waldes. Das erste Paar ist aus dem Winterquartier zurückgekehrt. Es ist erst Mitte Februar und noch viel Zeit bis zum Brutbeginn. Die beiden sind ohne den Nachwuchs des letzten Jahres da, denn die mitteleuropäischen Kraniche trennen sich von den Jungen im allgemeinen bereits im Winterquartier. In einigen Fällen bringen sie ihre Jungen mit, die möglicherweise aus einem Nachgelege hervorgegangen sind, um sie aber bald aus dem Revier zu vertreiben.

Rückkehr aus dem Süden

Bis vor wenigen Jahrzehnten war in Deutschland eine Ankunft der Kraniche bereits Anfang Februar noch untypisch. In Mecklenburg-Vorpommern etwa galt der 15. März als mittlerer Ankunftstermin, nur in Ausnahmefällen kehrten

Fast immer zu zweit. 90 Prozent der Kranichgelege bestehen aus zwei Eiern, die übrigen aus einem.

Geschlüpft. Nach 29 bis 31 Tagen befreit sich das erste Junge aus der Schale. Das zweite Ei ist schon von innen angepickt, bis zum Schlupf wird es aber noch einen Tag dauern.

Kraniche schon im Februar zurück. Die frühe Rückkehr in den 80er und 90er Jahren – häufig zusammen mit den Graugänsen – hängt mit einem veränderten Zugverhalten zusammen. Seit Mitte der 70er Jahre sind ein später Abzug im Herbst, Überwinterungsversuche oder auch echte Überwinterungen in Mitteleuropa sowie eine frühere Rückkehr in die Brutreviere festzustellen. Milde Winter und neue Nahrungsquellen in den Überwinterungsgebieten Frankreichs haben dieses veränderte Verhalten ausgelöst, das sich möglicherweise positiv auf den Bruterfolg auswirkt: Durch den Zeitgewinn können verlorene Gelege eher durch Nachgelege ersetzt werden.

Die angestammten Brutpaare kommen etwa gleichzeitig in ihren Brutregionen an und besetzen umgehend ihre Reviere. Ob die Gruppen einer Region während des Zuges und auch im Winterquartier zusammenhalten, wird sich erst durch das Ablesen markierter Tiere genauer klären lassen. Einige Wochen nach der Ankunft der Brutpaare, die sich einzeln in der Nähe ihrer Brutplätze aufhalten, treffen größere Rastgruppen ein. Es sind meist nordische Durchzügler, die auf geeignetes Wetter für den Weiterflug und das Ende des Winters in ihren Brutgebieten warten. Die noch nicht geschlechtsreifen Kraniche folgen den Brutpaaren in zwei- bis vierwöchigem Abstand und vermischen sich mit den späten Durchzüglern. Sie halten sich bis zum Sammeln im Herbst in mehr oder weniger großen Gruppen in ihrer Brutheimat auf, können aber auch auf den Zugwegen zurückbleiben und in diesen Rastregionen den ganzen Sommer verbringen.

Raumbedarf

Als Bodenbrüter sind Kraniche vielen Gefahren ausgesetzt. Sie brüten deshalb in Feuchtgebieten, in denen knietiefes Wasser die Nester umgibt. Die Brutplätze sind sehr variabel, was Größe, Ausstattung, Wasserversorgung und -tiefe sowie die Lage zu menschlichen Siedlungen angeht.

In Deutschland sind etwa 40 Prozent der Brutplätze kleiner als ein Hektar. Hierbei handelt es sich vor allem um Feuchtgebiete in der Feldflur. 30 Prozent haben eine Größe von ein bis fünf Hektar, 15 Prozent verfügen über fünf bis zehn Hektar und nur 15 Prozent sind größer als zehn Hektar. Der Brutplatz, der dem Brüten und später auch meist dem Schlafen dient, bildet das Zentrum eines Kranichrevieres.

Zur Aufzucht der Jungen kommt das Nahrungsrevier hinzu, das einerseits ausreichend Nahrung und andererseits Ruhe und Sicherheit bieten muß. Das scheint in Waldrandnähe am besten gewährleistet, denn 60 bis 70 Prozent der Brutpaare haben in Deutschland ihre Brutplätze im Wald bzw. am Waldrand, 20 bis 30 Prozent brüten in der Feldflur und 10 bis 20 Prozent an Seen. Als Nahrungsflächen werden meist Äcker oder Wiesen aufgesucht. Je nach Nahrungsangebot müssen mehr oder weniger große Gebiete belaufen werden. Untersuchungen mit besenderten Jungvögeln haben ergeben, daß Kranichfamilien bis zum Flüggewerden des Nachwuchses Reviere von teilweise über 100 Hektar benötigen. Bei Zerschneidungen durch Straßen können diese sogar noch größer werden, da zu solchen Störungsquellen Sicherheitsabstände von circa 200 Metern eingehalten werden.

Der Tanz der Kraniche

Als eindrucksvolles Naturschauspiel beflügelt der „Tanz der Kraniche“ seit eh und je die Phantasie der Menschen. Beobachtet werden kann er das ganze Jahr über, findet aber im Frühling als variationsreiches Balzritual seine intensivste Ausprägung.

In der frühen Morgendämmerung verlassen die Vögel ihren Schlafplatz, um auf nah gelegenen, freien Flächen zu tanzen. Im Laufe des März wird das Balzverhalten immer heftiger und häufiger. Es findet seinen Höhepunkt in der Paarung und endet mit dem Nestbau und der Eiablage.

Der Tanz wird vor, gelegentlich aber auch nach der Kopulation gezeigt. Prahlhandlungen, Laufen in Geraden und Kurven, Einknicken der Beine, Drehen auf der Stelle, Springen und Hochschleudern von Pflanzenteilen gehören dazu. Das Weibchen fordert das Männchen durch Aufrichten des Oberkörpers, Abwinkeln der Flügel und durch gurrende Laute schließlich zum Aufspringen auf. Nach vollzogenem Tretakt springt das Männchen meist über den Kopf des Weibchens vorwärts ab. Nun folgen Duettrufe der erregten Partner, und es schließt sich in der Regel eine Phase des Komfortverhaltens mit Putzen an. Das Duett ist als der gemeinsame Ruf der in Dauerehe lebenden Partner während der gesamten Brutzeit und auch später noch zu hören.

Der Tanz findet aber auch außerhalb der Brutperiode statt und zeigt in bestimmten Situationen eine besondere Erregung an. So können z. B. ein drohend kreisender Seeadler, eine Rotte Wildschweine oder ein streunender Hund „betanzt“ werden. Auch während des Sammelns oder Rastens im Herbst und besonders im Frühjahr kommt es zum Tanzen einzelner Tiere oder größerer Gruppen.

Ein Platz im Wasser

Die Nistplätze der Kraniche befinden sich immer am Boden. Entscheidend ist dabei umgebendes Wasser mit 30 bis 60 Zentimetern Tiefe, in dem der Kranich möglichst noch gehen kann. In Ausnahmefällen schwimmen oder fliegen die Vögel auch zum Nest. Ist der Brutplatz relativ klein, stehen die Nester häufig recht frei und sind oft von außen sichtbar. Der brütende Vogel bevorzugt es, die Nestumgebung ständig unter Kontrolle halten zu können.

Nach dem „Schichtwechsel“ der Eltern beim Brüten werden die Eier regelmäßig gewendet, damit die Eihaut nicht an der Schale anklebt.

Schutzlos den Gefahren durch Rabenvögel und Greife ausgesetzt – die Eltern wurden gestört.

Bei Gefahr kann er so frühzeitig in Deckung gehen.
Kranichpaare legen ihre Nester im Wasser oder auf Unterlagen an. Bei etwa 300 untersuchten Paaren befanden sich 35 Prozent der Nester auf Wurzelkonsolen von Erlen, auf Riedgras-Bülten, auf kleinen schwimmenden Inseln oder auf Inseln in Torfstichen. In diesen Fällen wird nur sehr wenig Nistmaterial verwendet, die Eier liegen fast auf dem nackten Boden. Die Mehrzahl der Nester aber wird aus dem, was der Brutplatz bietet, aufwendig gebaut. Dabei reißen die Kraniche mit dem Schnabel Schilf, Rohrkolben, Binsen, Riedgräser und andere Pflanzen aus der Umgebung des Nestes in einem Radius von bis zu zehn Metern ab. Beide Partner werfen die Materialien seitwärts oder über den Rücken in Richtung Nest, um sie Stück um Stück an das Nest zu bringen. Es kann schließlich einen Durchmesser von über einem Meter haben, wobei die Plattform nur 10 bis 20 Zentimeter über der Wasseroberfläche liegt. Da das Nest während der Brutzeit zusammensackt, wird auch während des Brütens ständig weitergebaut.

In der Regel zwei

In Deutschland beginnen die Kraniche drei bis sechs Wochen nach ihrer Ankunft mit der Eiablage und der Brut. Das ist in der Regel die dritte März- bis zweite Aprildekade. Durch die frühe Ankunft in den letzten Jahren hat sich dieser Zeitpunkt immer weiter in den März hinein verschoben. Nordische Kraniche rasten noch in Deutschland, während die einheimischen Tiere schon brüten oder die ersten Jungen bereits schlüpfen. Geht ein Gelege verloren oder wird es durch Störungen aufgegeben, können Nachgelege gezeitigt werden. Dadurch kann ein Paar um vier und mehr Wochen verspätet doch noch zum Bruterfolg kommen.
In Deutschland bestehen Kranichgelege zu 92 Prozent aus zwei Eiern, die im Abstand von zwei bis drei Tagen gelegt werden. Sie haben eine längsovale Form mit einem runden und einem spitzovalen Pol. Innerhalb dieser Grundform variieren die Eier in Gestalt und Größe, aber auch in der Färbung beträchtlich. Die Grundfarbe ist hellbraun mit einem Stich ins Grünliche, Rötliche oder Rötlichbraune. Die grobe braune Fleckung zeigt sich meist unregelmäßig verteilt und am stumpfen Pol häufig verdichtet. Die Farbe der Eier ist damit gut an die des Nestmaterials und der Umgebung angepaßt. In der Größe variieren die Eier zwischen 88 und 110 Millimetern in der Länge und 57 bis 66 Millimetern in der Breite. Das Gewicht erweist sich, je nach Bebrütungsstand und Größe, als sehr unterschiedlich und liegt im Durchschnitt bei etwa 185 Gramm.

Auf eigenen Beinen kann ein kräftiger Jungvogel schon 24 Stunden nach dem Schlüpfen stehen.

Das gemeinsame Ziel

Kranichpaare sind vor der Eiablage häufig zu zweit in ihren Nahrungsrevieren anzutreffen. Wenn nur noch einer der Partner zu beobachten ist, ist dies ein deutliches Zeichen für den Brutbeginn. Kraniche brüten abwechselnd vom ersten Ei an. Während der Brutpausen fliegt oder geht ein Partner zur Nahrungsaufnahme. Gesättigt kehrt er zurück, um in der Nähe des Nestes zu wachen.

Die Brutablösungen finden in unregelmäßigen Abständen statt, die mittlere Brutdauer schwankt zwischen 1,6 und 4,5 Stunden. Bei Einbeziehung der Nacht kann auch über zwölf Stunden und mehr von einem Vogel gebrütet werden. Die Ablösungen werden allerdings vom Schlupfbeginn bis zum Wegführen der Jungen immer häufiger, schließlich sind beide Eltern mit dem Nachwuchs beschäftigt.

Die Brutablösung ist von Paar zu Paar und auch von Mal zu Mal unterschiedlich. Sie kann z. B. während der regelmäßigen Brutpause stattfinden, oder der bisher brütende Kranich geht in Richtung des Partners, der dann das Nest aufsucht. Während der Zeit des Schlüpfens nähert sich der Ablösende oft mit Pflanzenmaterial dem Nest, währenddessen der Brütende dieses „bauend“ verläßt. In den meisten Fällen ist ein leises Kontaktgurren beider Partner zu hören, das der Verständigung dient. Laute Rufe in Nestnähe und am Brutplatz vermeiden die Vögel, es sei denn, daß es nach dem Schlupf zu starken Störungen kommt, vor denen die Jungvögel – auch über größere Distanzen – gewarnt werden.

Der Brutvorgang wird nicht nur von Ablösungen, sondern auch durch regelmäßiges Aufstehen und gelegentliches Verlassen des Nestes unterbrochen. Die Häufigkeit dieser Verhaltensweisen ist vom Bebrütungsstand, den Außentemperaturen, eventuellen Niederschlägen und der Tageszeit abhängig. Die Brutpausen sind notwendig, um ein kurzzeitiges Abkühlen der Eier und ein Eindringen von Frischluft durch die Eischale zu ermöglichen. Kurz bevor sich der Vogel erneut auf das Gelege setzt, werden die Eier mit dem Schnabel gewendet. Dies garantiert eine gleichmäßige Wärme von allen Seiten und verhindert, daß die Eihaut an der Schale anklebt.

Die Familie ist komplett. Noch hudert der Altvogel die Jungen, aber bald werden sie außerhalb des Nestes auf Nahrungssuche gehen und erst abends zum Schlafen zurückkehren.

Schlafen, Wachen, Sichern

Brüten beinhaltet die unterschiedlichsten Körperhaltungen und Tätigkeiten. Die Kraniche schlafen meist in den frühen Morgenstunden.

Dabei wird der Hals auf den Rücken gelegt und der Schnabel ins Gefieder geschoben. Beim häufigen Ruhen sinkt der Kopf bei stärker gebogenem Hals nach unten. Gelegentlich berührt der Schnabel dann den Hals. Beim aufmerksamen und angespannten Sichern, das in bestimmten Situationen alle 10 bis 15 Sekunden erfolgt, werden der Hals senkrecht und der Schnabel waagerecht gehalten. Der Kopf wird dabei in alle Richtungen gedreht, wodurch die Umgebung überblickt werden kann. Jedes ungewöhnliche Geräusch, jede kleine Störung werden registriert und drücken sich in der Körperhaltung aus. Erscheint z. B. ein Mensch oder ein Fuchs in Brutplatznähe, preßt sich der brütende Vogel auf sein Nest und fixiert den Feind. Der Hals wird dabei flach gehalten. Ist die Gefahr vorüber, richtet er sich wieder entspannt auf. Bei anderen Ereignissen kann der Kranich das Nest unauffällig verlassen und sich vom Brutplatz entfernen. Erst aus größerer Distanz ertönt dann der erregte Doppelruf mit dem Partner. Dieser kann auch während des Fluges erfolgen. Nur bei überraschender und starker Störung fliegen die Vögel vom Nest aus ab, dann steht die Sicherheit des Individuums vor der des Geleges.

Hudern und Gurren

Das Kranichgelege wird über 29 bis 31 Tage bebrütet. Da die Brut mit dem ersten Ei begonnen wird, schlüpfen die Jungen nicht gleichzeitig, sondern im Abstand von ein bis zwei Tagen. Die geringere Brutintensität in der Anfangsphase bewirkt eine gewisse Synchronisation des Schlupftermins, wenn der Legeabstand zwei und mehr Tage beträgt.

Die ersten Laute des Kükens erfolgen noch vor dem Schlüpfen; sie verändern spätestens mit Öffnung des Eies das Verhalten der Elterntiere. Diese sind nun unruhiger und halten sich häufiger am Nest auf. Nach dem Schlüpfen der Jungen wird aus dem Brüten ein Hudern, wobei die Schwingen leicht angehoben sind und das Gefieder aufgeplustert wird. Die Altvögel stehen mit ihren piependen Jungen durch gurrende Laute in Stimmkontakt, erheben sich häufig und lassen sich sehr vorsichtig nieder.

Anstrengende Arbeit

Das Schlüpfen ist eine starke Belastung für ein Junges. Es reibt mit seinem Eizahn, der auf dem Schnabelrücken als Verhärtung aufsitzt, von innen her ein Loch in die Schale. Durch Drehen im Ei wird der stumpfe Teil des Eies allmählich ringsherum eröffnet. Das Junge streckt sich schließlich, hebt den „Deckel" ab und kriecht nach und nach heraus. Dieser Vorgang kann bis zu 35 Stunden dauern. Nach dem Ausfallen trocknet das Junge unter dem Gefieder des hudernden Altvogels. In dieser Zeit können Störungen fatale Folgen haben. Etwa 24 Stunden nach dem Schlüpfen ist der Jungvogel bereits so kräftig, daß er sicher stehen und die nähere Nestumgebung selbständig erkunden kann. Bis das jüngere Küken auch dieses Alter erreicht hat, bleibt die Familie am Nest. Dann aber ist die Zeit des Wegführens gekommen, denn Kraniche sind Nestflüchter. Abends wird das Nest wieder zum Schlafen aufgesucht. Das Führen und Füttern der unerfahrenen Jungvögel wird von beiden Eltern übernommen.

Die Kranichjungen schlüpfen mit einem Gewicht von 120 bis 150 Gramm. Nach etwa zehn Wochen sind sie flügge und haben dann ein Gewicht von etwa 4000 Gramm. Somit erhöhen die Kranichjungen in relativ kurzer Zeit ihr Geburtsgewicht um das 30- bis 40fache. In den folgenden Wochen erreichen sie die Größe ihrer Eltern, unterscheiden sich aber von diesen unübersehbar durch Farbe und Stimme. Das schnelle Wachstum ist nur möglich, wenn die Jungen ausreichend tierische Nahrung zu sich nehmen können, die den hohen Eiweiß- und Mineralstoffbedarf deckt. Die Eltern reichen ihnen zunächst über viele Stunden am Tag die vor allem aus Insekten bestehende Nahrung. Herrscht zur Zeit des Schlüp-

Wachsam und in stetiger Alarmbereitschaft gehen die Eltern gemeinsam mit dem Jungen auf die Suche nach tierischer Nahrung.

fens kaltes Wetter, sind Insekten wenig aktiv. Dann kann es zu Verlusten kommen.

Nach dem Schlüpfen haben die Jungen einen Dottervorrat für zwei Tage. Doch schon während dieser Zeit halten die Altvögel ihnen kleine Nahrung oder Eischalenreste vor, nach denen sie picken und die sie aufzunehmen lernen. Trotzdem nehmen die Kleinen zunächst ab. Schon in den ersten Tagen werden sie kleine Strecken in unmittelbarer Nestumgebung umhergeführt. Sind die Jungen auf dem Nest allein, kann es Rangeleien geben, die mit Schnabelhieben verbunden sind. Das ältere Küken versucht gelegentlich, das Jüngere aus dem Nest zu verdrängen.

Bei der Nahrungssuche führt jeder Altvogel ein Junges, so daß Aggressionen, die nur in den ersten zwei bis drei Wochen vorkommen, ausbleiben. Während sich die Familie in den ersten Tagen vorwiegend im geschützten Bruch aufhält, ist sie dann bald im umgebenden Wald und auf den angrenzenden Feldern und Wiesen unterwegs. Übernachtet wird im bzw. am Nest. Ist am „Brutnest" der Wasserstand stark gefallen, wird an geeigneten Stellen ein sogenanntes „Schlafnest" errichtet.

Die Altvögel sind während der Jungenaufzucht sehr aufmerksam. Wird die Familie von einer Gefahr überrascht, können die Erwachsenen den Gegner mit Schnabelhieben oder Flügelschlägen angreifen und vertreiben. In Situationen der Unterlegenheit, zum Beispiel beim Erscheinen eines Menschen, versucht ein Elternteil durch „Verleiten" abzulenken, während der andere die Jungen wegführt oder durch einen Warnruf zum Drücken bewegt.

Extensiv statt intensiv

Im Laufe der Aufzuchtperiode werden zunehmend häufig landwirtschaftliche Kulturen aufgesucht. Um das Verhalten von Kranichfamilien auf den Acker- und Grünlandflächen zu ermitteln, wurden 1995 erstmals mit dem sogenannten „radio tracking" (regelmäßiges Anpeilen

Ein Altvogel füttert seinen 27 Tage alten Nachwuchs – in der Regel kümmert sich je ein Elternteil um je einen Jungvogel.

Ein Weibchen übergibt seinem etwa 30 Tage alten Küken Insekten, die eine eiweiß- und mineralreiche „Kraftnahrung" sind.

besenderter Kraniche) die Reviergrößen für Junge führende Kranichpaare in der Kulturlandschaft Deutschlands untersucht. Bis 1998 konnten in Mecklenburg-Vorpommern zwölf Kranichpaare überwacht werden, deren Reviere teilweise eine Ausdehnung von über 100 Hektar erreichten. Die für die Jungenaufzucht notwendigen Territorien nutzten die einzelnen Paare in den untersuchten Jahren in ähnlicher Weise, doch gab es jährliche Unterschiede durch veränderte Kulturen in der Umgebung der Kranichbrutplätze und dem damit in Verbindung stehenden Angebot an Insekten und deren Larven. Intensivkulturen wie Raps und Getreide sind als Nahrungsflächen ungeeignet, da die Pflanzen zu dicht stehen und kaum Insekten enthalten. Bei Getreidefeldern werden z. T. die Fahrspuren von landwirtschaftlichen Maschinen nach Nahrung abgesucht. In diesen Fällen benötigten die Paare große Reviere. Besonders ergiebig für die Ernährung sind extensiv bewirtschaftete Kulturen, Feldsäume, Hecken und Seeufer. Angebot und Verfügbarkeit der Nahrung, die durch Raupen, Grashüpfer, Käfer, Mäuse u. a. gebildet wird, bestimmen die Reviergröße und die tägliche Laufstrecke, die zurückgelegt wird. Sie kann in unergiebigen Revieren bis zu 15 Kilometer betragen.
Wenn die Jungkraniche nach etwa zehn Wochen flugfähig sind, können sie mit ihren Eltern weiter entfernte Nahrungsräume aufsuchen. Zum Schlafen kehren sie abends teilweise auch noch im September in ihr Revier zurück.

Risikoreich

Obwohl Kraniche ihre Nester im Schutze des Wassers bauen und den Nachwuchs intensiv betreuen, kommt es zu Verlusten an Gelegen und Jungen. Ein besonders wichtiger Faktor ist in diesem Zusammenhang der Wasserstand in den Brutrevieren. Sind die Brutplätze im Frühjahr zu trocken, beginnen die Paare erst gar nicht mit dem Nestbau, halten aber das Revier besetzt. Sinkt der Wasserstand während der Brutphase, so daß die Nester trocken fallen,

Nach etwa zehn Wochen sind die Jungen flugfähig und schon fast so groß wie ihre Eltern.

Jetzt kann das Brutrevier zur Nahrungssuche verlassen werden.

sind die Gelege für Wildschweine und Füchse leicht erreichbar, und es kann zum Gelegeverlust kommen. Niedriger Wasserstand nach dem Schlupf ist für die Jungvögel gefährlich, da die Schlafplätze der Familie leicht von Raubtieren erreicht werden können. Ein optimaler Wasserstand in den Brutrevieren ist der beste Schutz für die Vögel.

Langjährige Beobachtungen beim Kranich ergaben Gelegeverluste von 20 bis 30 Prozent. Die Eier werden durch andere Vögel und Säugetiere beschädigt und geraubt. Manchmal werden Bruten auch nach starken Störungen, bei denen der Mensch eine wichtige Rolle spielt, aufgegeben. Während es in Mitteleuropa zu Nachgelegen und damit doch noch zum Bruterfolg kommen kann, ist dies in den nördlicher gelegenen Brutgebieten Schwedens, Finnlands und Rußlands wegen des späten Brutbeginns und der kurzen Reproduktionsperiode in der Regel nicht möglich.

Vor allem die ersten Wochen nach dem Schlüpfen sind für die Jungen sehr risikoreich, und die Verluste bis zum Flüggewerden sind erheblich. Neben dem Wasserstand spielen vor allem die Witterung, Störungen, das Nahrungsangebot und Räuber eine wesentliche Rolle. Bei 238 Gelegen mit durchschnittlich 1,95 Eiern schlüpften in Deutschland 1,92 Junge. Nur selten sind Eier unbefruchtet. Der durchschnittliche Aufzuchterfolg der Kranichpaare in Mitteleuropa liegt aber nur bei 0,90 Jungen pro Paar mit Brutversuch. Bezieht man die aus unterschiedlichen Ursachen nicht brütenden Paare mit ein, so verringert er sich auf 0,6 bis 0,7 in schlechten Jahren. Der Jungenverlust pro geschlüpftem Gelege liegt bei 0,7 bis 0,8, was etwa 40 Prozent entspricht. Erfahrene und erfolgreiche Brutpaare führen relativ konstant im Durchschnitt 1,3 bis 1,4 Junge.

Trotz allem Erfolge

Der Aufzuchterfolg ist von Jahr zu Jahr und von Region zu Region sehr verschieden. In den 80er Jahren lag er für ganz Deutschland noch bei etwa 1,0 Jungen pro Brutpaar mit Brutversuch. Doch die sehr trockenen Jahre bis 1997 haben zu großen Brutausfällen geführt. Im Rahmen der guten Schutzmaßnahmen reichte die bisherige Reproduktion jedoch immer noch aus, um den Bestand der Population weiterhin ansteigen zu lassen.

AM RANDE

Nichtbrüter und Sammler

Während Kleinvögel in der Regel schon im Jahr nach dem Schlüpfen in die Brutpopulation eintreten, dauert es bei Großvögeln mehrere Jahre, bis sie geschlechtsreif sind, sich paaren und ein Revier besetzen. Beim Kranich wird üblicherweise mit einem Fortpflanzungsbeginn im Alter von drei bis fünf Jahren gerechnet. Über das Leben der geschlechtsreifen Tiere sind wir gut informiert. Wie aber verhalten sich die ein- bis vierjährigen Nichtbrüter?

Standorttreue Pioniere

Wie beringte Vögel zeigen, kehren die meisten „Junggesellen" in der Regel mindestens im ersten Jahr in die eigene Brutheimat zurück. Dort halten sie sich in Gruppen auf, oft gemeinsam mit Durchzüglern auf dem Weg zurück nach Norden und Osten. Sind diese weitergezogen, halten sich Junggesellen und ältere nicht brütende Kraniche als sogenannte „Nichtbrüter" im näheren oder weiteren Umfeld ihrer Brutheimat auf. Diese Gruppen bilden lockere und variable Gemeinschaften aus weiblichen und männlichen Tieren, die sich während der gesamten Brutsaison im Einzugsgebiet von „Übersommerungsgebieten" aufhalten, hier aber häufig die Tageseinstände und auch die Schlafplätze wechseln.

Kleine Gruppen von Junggesellen, die sich wochenlang in brutfreien Regionen aufhalten, können erste Vorposten für Neuansiedlungen sein. Brutorttreue einerseits und die Besiedlung neuer Gebiete andrerseits tragen zur Stabilisierung, aber auch zur Ausbreitung der Population und zu einer genetischen Vermischung bei. Wahrscheinlich sind vor allem Junggesellen an diesem dynamischen Prozeß beteiligt – ein wichtiger Aspekt für das Überleben der Gesamtpopulation.

Verloben oder flirten?

Mustert man im Frühjahr rastende Kranichgruppen, zu denen einheimische Junggesellen gehören, so kann man am Verhalten einiger Individuen erkennen, daß sie zusammengehören. Ein Partner bleibt immer in der Nähe des anderen. Ist einer von beiden farbig beringt, weiß man sogar, woher er kommt und auch, wie alt er ist.

Auf diese Weise konnte 1996 beobachtet werden, daß sich Junggesellen schon im zweiten Lebensjahr „verloben" können. Ein in Deutschland weiß/rot/blau beringter Vogel tanzte bereits als Zweijähriger mit einer Partnerin, und beide riefen im Duett, auch wenn Tanz und Stimme noch nicht ganz ausgereift waren. Ob diese „verlobten" Paare zusammenbleiben und ob sie sogar schon Reviere besetzen und verteidigen, ist noch nicht geklärt. In unserem Fall war der Vogel weiß/rot/blau im nächsten Sommer als Junggeselle wieder allein und mauserte erstmals sein Großgefieder in einer Gruppe. Seine „Verlobung" war also nur ein kurzer Flirt gewesen, oder aber der Partner ging auf dem Zug verloren.

Heimliche Vagabundierer

Übersommernde Kraniche sind Teil der Gesamtpopulation und daher in allen größeren Brutgebieten anzutreffen. Sie sind wenig ruffreudig und verhalten sich gewöhnlich unauffällig, zeitweise sogar heimlich. In Deutschland machen sie etwa 30 bis 50 Prozent des Bestandes aus.

1997 wurde eine Übersommerungsgemeinschaft von 350 bis 400 Nichtbrütern im Landkreis Parchim genauer erforscht. Das Untersuchungsgebiet war etwa 160 Quadratkilometer groß und bestand überwiegend aus landwirtschaftlichen Flächen mit einem Anteil von 18 Prozent Grünland. Da in diesem Raum seit 1994 zahlreiche Jungkraniche beringt und besendert werden, standen zwei dreijährige, zwei zweijährige und sieben einjährige Kraniche für gezielte Untersuchungen zur Verfügung.

Die Beobachtungen über vier Monate zeigten, daß die Häufigkeit der Nachweise der einzelnen Individuen erheblich schwankt und bei keinem der markierten Tiere die Gebundenheit an einen Ort festzustellen war. Insgesamt konnten mindestens vier Schlafstellen im gesamten Raum nachgewiesen werden, die sehr unterschiedlich genutzt wurden. Daraus ist ein starkes Vagabundieren der Übersommerer abzuleiten, das auch die Erkundung bislang unbesetzter Gebiete einschließen dürfte. An einem geschützten Ort mauserten etwa 30 von ihnen in der Gruppe das Großgefieder von Mitte Mai bis Anfang Juli.

Zu dieser Zeit werden die Truppstärken im Untersuchungsgebiet kleiner, mausernde Tiere noch heimlicher. Wiesen und Weiden gewinnen von April bis Juli für die Übersommerer immer mehr an Bedeutung, sie sind ein wichtiger Lebensraum zur Nahrungssuche, zum Ruhen und Schlafen. Intensivgrünland ist wegen der häufig geringeren Nahrungsdichte wenig beliebt.

Spektakulär: Ab August finden sich Kraniche aller Altersgruppen an Sammelplätzen zusammen.

Ohne Schutz kein ruhiger Sommer

Die Übersommerungsräume sind über das gesamte Verbreitungsgebiet verteilt. Es besteht ein enger Zusammenhang zwischen der Anzahl der Brutpaare und der Zahl der Nichtbrüter in einer Region, deren Anzahl mit der Zunahme der Brutpaare in den letzten zwei Jahrzehnten ebenfalls angestiegen ist.

Die größten Sommeransammlungen erreichen 200 bis 400 Kraniche. Sie finden sich besonders an traditionellen Sammelplätzen, wo ab August weitere Nichtbrüter und die ersten Brutpaare hinzukommen. Einige Beispiele für Mecklenburg-Vorpommern und Brandenburg sind z. B. der Müritz-Nationalpark, die Friedländer Große Wiese mit dem Naturschutzgebiet (NSG) Putzarer See, das NSG Lewitz, das NSG Langenhägener Seewiesen, das Rhin-Luch mit dem NSG Kremmener Luch, der Nationalpark Unteres Odertal und die Rügen-Bock-Region. Wegen der notwendigen geringen Störintensität sollten wenigstens Teile größerer Übersommerungsgebiete geschützt sein, damit diese Räume, die etwa die Hälfte der Kranichpopulation von April bis Juli aufnehmen, auch in Zukunft erhalten bleiben.

Sammeln im Herbst

Ab Ende Juli/Anfang August treffen Nichtbrütergruppen an Sammelplätzen ein. Erfolglose Brutpaare kommen später dazu. Sammelplätze befinden sich in allen Brutgebieten mit hoher Siedlungsdichte. Es sind ruhige Räume, die einen oder mehrere Schlafplätze und günstige Äsungsbedingungen in relativer Nähe besitzen. Mit dem Zusammenschluß der Sammelgemeinschaft beginnt sich ein typischer Tagesrhythmus herauszubilden. Die Vögel schlafen nachts stehend in flachem Wasser und sind so vor Bodenfeinden weitgehend geschützt. Etwa bei Sonnenaufgang fliegen sie zu den Äsungsflächen, die sich im Radius von etwa 10 Kilometern befinden. Meist werden zu dieser Zeit Getreidestoppeln aufgesucht. Zwischen dem späten Nachmittag und der einsetzenden Dunkelheit kehren die Gruppen zum Schlafplatz zurück. Die Kraniche suchen an kleineren Schlafstellen das schützende Wasser nicht direkt bei der Ankunft von den Nahrungsflächen auf, sondern lassen sich zunächst an sogenannten „Vorsammel- oder Zwischenlandeplätzen" nieder. Dies sind Acker- oder kurzrasige Grünlandflächen in der Nähe des Schlafplatzes, an denen die Zahl der Vögel ab den Nachmittagsstunden laufend ansteigt. Meist erst mit der Dämmerung fliegen oder schreiten die dort versammelten Tiere nach und nach unter lautem Rufen in das Flachwasser.

Ab Anfang August, vor allem aber im September kommen die Familien zu den Sammelplätzen. Die Jungen erlernen hier das Sozialverhalten in der größeren Gemeinschaft, die ihr Leben in den Rast- und Überwinterungsgebieten bestimmen wird. Ende September ist in Deutschland das Sammeln weitgehend abgeschlossen. Nur wenige Paare bleiben in ihren Brutrevieren. Das ist besonders an den Rändern des Verbreitungsgebietes der Fall, wo es infolge der dünnen Besiedlung keine Sammelplätze in der näheren Umgebung gibt.

Ein lokaler Kranichbestand sammelt sich wahrscheinlich Jahr um Jahr an denselben Plätzen. Das läßt sich an den „Langenhägener Seewiesen" nachweisen, wo farbig beringte Jungtiere aus der Umgebung recht bald mit ihren Eltern eintreffen. Auch mehrjährige markierte Tiere kehren immer wieder hierher zurück.

Der Anteil der Jungvögel in der Sammelgemeinschaft steigt im Laufe des August, September und Oktober mit dem Eintreffen von immer mehr Kranichfamilien weiter an. Liegt er Ende September, Anfang Oktober bei zehn bis zwölf Prozent, so war der Bruterfolg in dem jeweiligen Jahr ungünstig. Die Paare haben dann im Durchschnitt nur etwa 0,6 bis 0,7 Junge aufgezogen – für Skandinavien die übliche Fortpflanzungsrate, da hier u. a. ein Zweitgelege aus Zeitgründen meist nicht möglich ist. Bei einer Nachwuchsrate von 0,9 bis 1,1 Jungen pro Brutpaar ist ein Jungenanteil von etwa 14 bis 16 Prozent an den Sammelplätzen zu erwarten. Diese günstigen Werte wurden in den letzten Jahrzehnten in Mitteleuropa häufig erreicht.

Ein Rechenexempel

Die Kranichbetreuer in den Bundesländern, die in der Arbeitsgemeinschaft Kranichschutz Deutschland mitarbeiten, erfassen und überwachen besonders die Brutpaare, die sich sammelnden und die rastenden Tiere in ihrer Region. Durch Addition aller „Sammler" müßte es eigentlich gelingen, eine Gesamtzahl für die einheimische Kranichpopulation festzulegen. Dies war aus mehreren Gründen bisher nicht möglich. Zum einen sind nicht alle kleinen Sammelplätze bekannt, zum anderen kann nicht an allen Plätzen regelmäßig gezählt werden, und vor allem kommt es ab Anfang September zu einer Vermischung von sich sammelnden „Einheimischen" und von rastenden Zuzüglern.

Am Beispiel des Sammelplatzes „Langenhägener Seewiesen" soll versucht werden, anhand der Zählungen Anfang August bis zum Abzug im November die Zusammensetzung der lokalen Population zu bestimmen. Am 28. September 1997 waren 1350 Vögel anwesend, darunter etwa 140 Jungvögel (10,4 Prozent). Zu diesem Zeitpunkt war das Sammeln nahezu abgeschlossen, ein Zuzug von nordischen Kranichen wurde noch nicht festgestellt. An den Seewiesen waren also die lokalen Nichtbrüter, die Brutpaare mit Jungen, die Brutpaare ohne Junge und die Paare mit Revierbesetzung ohne Brutversuch vereinigt.

Paare mit Nachwuchs führen im langjährigen Durchschnitt 1,4 Jungvögel, was in dieser Rechnung 100 erfolgreiche Paare betreffen soll. In einem schlechten Brutjahr – wie etwa 1997, in dem nur 0,65 Junge je Paar mit Brutversuch im Kreis Parchim aufgezogen wurden – bleiben etwa 50 Prozent der Paare ohne Bruterfolg, was weiteren 100 Brutpaaren entspricht. Bei

„Junggesellen", noch nicht geschlechtsreife Männchen wie Weibchen, leben in lockeren Gruppen zusammen.

großer Trockenheit, wie 1997, kommen etwa 20 Prozent der Paare nicht zur Brut, besetzen aber ein Revier. Das sind zusätzlich etwa 40 Paare. Diesen Zahlen wurde ein Zeitraum von 20 Jahren Reproduktionsforschung am Kranich zugrunde gelegt. Aus den dargestellten Eckdaten läßt sich die altersmäßige Zusammensetzung der Sammelgemeinschaft ableiten: Die erfolgreichen Brutpaare machen hier mit 200 Exemplaren 14,8 Prozent aus, die erfolglosen Brutpaare gleichfalls 14,8 Prozent, die Paare ohne Brut ergeben mit 80 Individuen 5,9 Prozent und die diesjährigen Jungvögel mit einer Anzahl von 140 Einzelexemplaren 10,4 Prozent, während die Nichtbrüter als größte Gruppe mit 730 Tieren (inklusive einiger skandinavischer Übersommerer) 54,1 Prozent ausmachen. So wird eine Gesamtzahl von 1350 Exemplaren erreicht.

In den Jahren mit günstigen Brutbedingungen, in denen etwa 75 Prozent der Paare erfolgreich sind, werden viel mehr Jungvögel aufgezogen, so daß der Anteil bei etwa 15 bis 16 Prozent liegen kann. Bei der Einschätzung der Anzahl Nichtbrüter muß aber auch berücksichtigt werden, daß sich Junggesellen anderer europäischer Regionen zu dieser Jahreszeit in Deutschland aufhalten. Wieviele es sind, ist bisher nicht bekannt.

Nimmt man dieses Modell für die gesamte deutsche Population, ergibt sich ein Gesamtbestand von etwa 12 000 Individuen.

Für die Zukunft wäre es interessant zu ermitteln, ob der Anteil Nichtbrüter an anderen Sammelplätzen auch so hoch ist wie an den „Langenhägener Seewiesen", der gleichzeitig auch ein Übersommerungsplatz ist. Möglicherweise muß die Kalkulation der Gesamtpopulation in Deutschland dann korrigiert werden.

WENN DIE KRANICHE ZIEHEN

Kranichzug und Kranichrast

Der Kranich ist ein ausdauernder Ruderflieger, der Hochgebirge und Meere überqueren kann. Bei günstigen Aufwinden kann er sich aber auch emportragen lassen und im Gleitflug kräftesparend langsam weiterziehen.

Wissenschaftliche Untersuchungen zum Zuggeschehen der Kraniche, das ein großartiges, elementares Naturschauspiel bietet, reichen bis zum Beginn des 19. Jahrhunderts zurück. Der heutige Kenntnisstand ist trotz zahlreicher Wissenslücken so umfassend, daß ein gutes Bild über den Zugablauf und die Zugwege gegeben werden kann.

Fixierte Routen

Die Kraniche des paläarktischen Verbreitungsgebietes sind ausgesprochene Zugvögel, deren 2000 bis 6000 Kilometer lange Wanderungen zwischen den Brutplätzen und Winterquartieren auf fest fixierten Zugrouten ablaufen. In aller Regel findet das Zuggeschehen etappenweise statt, da sich die Vögel den Witterungsbedingungen anpassen und unterwegs unterschiedlich lange Zwischenaufenthalte einlegen. Die Orientierung der Kraniche auf dem Zug erfolgt nach dem „Karte-Kompaß-Prinzip". Das Magnetfeld der Erde hat vermutlich neben den Himmelsfaktoren den Hauptanteil am „Kompaß-System". Die „Karte", das sind auffällige Landschaftsmerkmale, erlernen die Jungvögel auf ihrem ersten Zug ins Überwinterungsquartier von den Eltern. Sie wird so von einer auf die nächste Generation weitergegeben.

Das Grundprinzip

Innerhalb der Zugrouten kann zwischen den stark beflogenen 100 bis 150 Kilometer breiten Zugzentren und den Zugkanten mit einer geringeren Intensität der Flugbewegungen unterschieden werden. Zugrouten setzen normalerweise breit und fächerförmig ein, um dann enger zu werden und sich in den Überwinterungsgebieten wieder aufzufächern. Ein gutes Beispiel ist der westeuropäische Zugweg, des-

Kraniche ziehen in Gruppen meist in Keilformation, die den Luftwiderstand verringern.

sen Breite im östlichen Mitteleuropa alljährlich bis zu 400 Kilometer erreichen kann, in Südfrankreich aber nur bei etwa 200 Kilometern liegt. Besondere Verdichtungen werden vor und nach großen Rastplätzen beobachtet.
Auch wenn eine Zugroute im Herbst und Frühjahr dieselben geographischen Regionen berührt, gibt es doch zwischen den Jahreszeiten gewisse Unterschiede. Unter dem Einfluß der vorherrschenden Windrichtungen können sich die Kernlinien einer Zugroute im Frühjahr mehr nach Norden und im Herbst weiter nach Süden verschieben.

Innen- und außengeleitet

Die Wegfindung beruht vor allem auf Erfahrungen und Lernleistungen. Landmarken scheinen dabei eine größere Bedeutung zu besitzen. Da Kraniche auch nachts ziehen, verfügen sie offensichtlich auch über weitere Orientierungsmöglichkeiten, die allerdings bisher nicht bis ins letzte aufgeklärt sind. Erblich fixiert ist ein intern gesteuerter Zugtrieb, der durch die Dauer des Tageslichts, durch das Nahrungsangebot, die Witterungsverhältnisse und innerartliche Wechselbeziehungen reguliert wird. Die Bedeutung eines „sozialen Zugantriebs" im Sinne von Schüz (1971) wird z. B. dadurch deutlich, daß oft kleinere Gruppen von größeren „mitgerissen" werden.
Der Graue Kranich kann als ausdauernder Ruderflieger Hochgebirge ebenso wie größere Meere im Nonstop-Flug überqueren. Trotz möglicher Spitzenleistungen auf diesem Gebiet haben sich in der Evolution des Kranichzuges Leitlinien herausgebildet, die die jeweils günstigsten geographischen und klimatischen Bedingungen ausnutzen. Daher werden die Alpen westlich und östlich umflogen, die drei großen Zuglinien des russisch-pontischen Zugweges umgehen das Schwarze Meer auf einer westlichen und östlichen Route oder überqueren es auf dem kürzesten Weg über die Halbinsel Krim. Die Länge der zurückgelegten Tagesstrecken, die zwischen weniger als 100 und mehr als 1000 Kilometern variieren kann, ist von einer Vielzahl von Faktoren abhängig, die durch innere (Zugstimmung, Energiespeicherung als Fettdepot) und äußere Gegebenheiten (Tageshelligkeit, Wetterverhältnisse, Höhenströmungen) bestimmt werden.

Ein eindrucksvoller Nachweis

Ein außergewöhnlicher Langstreckenflug ereignete sich am 2. und 3. November 1986, als ein warmer, südwestwärts gerichteter Höhentrog am Rande eines polaren Kaltlufteinbruchs den Massenabzug von über 20 000 Kranichen in Mitteleuropa auslöste. Eine schmale Hauptzuglinie führte mehr als 10 000 Kraniche über den Harz, das Eichsfeld und die Rhön durch das östliche Frankreich bis zum großen Rastplatz an der Laguna de Gallocanta im Nordosten Spaniens. Dieses spektakuläre Zuggeschehen ermöglichte recht genaue Zeitbestimmungen, wie sie sonst nur selten gelingen.
So erfolgte der Massenabzug aus der Rügen-Bock-Region zwischen 8 und 13 Uhr. Am folgenden Tag erreichten 5 000 bis 6 000 Kraniche die Pyrenäen nach einer Flugzeit von etwa 24 Stunden und rund 1 200 zurückgelegten Kilometern. Hiermit wurde ein erster eindrucksvoller Nachweis für einen Langstreckenflug der Kraniche unter günstigen Witterungs- und Windverhältnissen dokumentiert.

In strenger Ordnung

Die Kraniche fliegen in Keilen, ungleichschenkligen Winkeln oder schrägen Reihen in einer geometrischen Ordnung, die den Luftwiderstand reduziert und den Kontakt innerhalb der Gruppe sichert. Ziehende Kraniche verständigen sich durch Laute, die nachts oder bei ungünstigen Sichtverhältnissen besonders häufig werden. Dabei können die Jungvögel an ihren piependen Kontaktrufen leicht erkannt werden.
Der Flugablauf ähnelt einer Schlängel- und Wel-

Es ist ein spektakuläres Schauspiel, wenn im Herbst Hunderte von Vögeln gleichzeitig zum Abzug starten.

lenlinie, deren Richtung sich in Abhängigkeit von den Windverhältnissen ändert. Die Flughöhen schwanken während des Zuges in weiten Grenzen, wobei Wind- und Sichtverhältnisse, aber auch Bodenrelief und Höhenströmungen einen besonderen Einfluß ausüben. Über Schweden, Estland und Deutschland wurden per Radar Zughöhen zwischen 50 und 2 500 Metern gemessen, wobei sich die Hälfte aller Trupps zwischen 200 und 1 000 Metern bewegte. Niedrig geflogen wird vor allem nachts, bei diesigem Wetter, bei Gegenwind und tiefer Wolkendecke, die aber durchaus auch überflogen werden kann. Die unteren Flughöhen dürften im wesentlichen durch die Überschaubarkeit des Geländes bestimmt werden. Maximale Flughöhen sind von Flugzeugen aus ermittelt worden. Sie lagen über den Pyrenäen bei 4 000 und in den Bergketten des Himalaja bei 4 600 Metern.

Eher ausdauernd als schnell

Mit dem Ruderflug erreichen Kraniche – durch gelegentliches Gleiten innerhalb der Formationen unterbrochen – eine Eigengeschwindigkeit von 45 bis 65 Kilometern pro Stunde. Bei günstigen Windverhältnissen wurden über der Ostsee zwischen 80 und 115 Kilometer oder über Land sogar bis zu 130 Stundenkilometer erreicht. Der Zug des Kranichs stellt keine Tempohöchstleistung, wohl aber eine große Ausdauerleistung dar. Allerdings sind die durchschnittlichen Zuggeschwindigkeiten über dem Meer größer als über Land, da hier der Flug durch das Kreisen in günstigen Aufwinden häufig unterbrochen wird.

Wechselnd

Die Schwarmgrößen schwanken während des Zuges sehr stark. Einzelne Familien und kleine Gruppen sind vor allem in den nördlichen Grenzregionen des Brutareals, aber auch an den äußersten Kanten der Zugrouten zu beobachten. Die größten Fluggruppen mit bis zu

1000 und mehr Kranichen werden im Zentrum der Routen und hier vor allem nach Massenstarts von großen Rastplätzen beobachtet. Je länger und weiter der Zug vorangeschritten ist, desto kleiner werden die Schwärme. Dies geschieht aufgrund von Umgruppierungen während des Kreisens, durch kurze Zwischenaufenthalte oder durch Zurückbleiben eines Teils der Vögel an geeigneten Rastplätzen.

Zugunruhe

Ein, manchmal zwei Tage vor Massenabzügen macht sich an den Rastplätzen Aufregung breit. Die Tiere rufen und tanzen sehr viel, zeigen einen gestörten Rhythmus beim abendlichen Überflug zu den Schlafstellen und kommen während der Nacht kaum noch zur Ruhe.

Nach dem Aufbruch weichen die Vögel Kaltluftfronten aus. Dabei scheinen sie über ein besonderes Empfinden zu verfügen, das ihnen die Umstellungen der Großwetterlage rechtzeitig ankündigt. Einige Forscher sprechen den sogenannten „Atmosphärics", einer langwelligen atmosphärischen Impulsstrahlung, eine besondere Bedeutung zu. Es handelt sich um elektrische Entladungen in feuchtlabilen Wolkenschichten, vornehmlich in Gewittern und in Kaltluftfronten, die als Fernblitze registriert werden. Wetterlagen mit südwestlicher Höhenströmung sind für den Herbstzug charakteristisch und in der Regel mit niedrigen Impulszahlen gekoppelt. Bis heute ist die Frage offen, ob die Kraniche auf Grund des Impulsminimums den optimalen Abzugszeitpunkt erkennen, oder ob sie das Heranziehen feuchtlabiler Luftmassen auf Grund der steigenden Impulszahlen registrieren können.

Besonders im Herbst wird der Zugablauf ganz wesentlich durch die jeweilige Großwetterlage bestimmt. Dann sind die Kraniche darum bemüht, Kaltlufteinbrüchen rechtzeitig auszuweichen oder günstige Windverhältnisse auszunutzen. Im Frühjahr kommt es in umgekehrter Zugrichtung gelegentlich vor, daß die Kraniche unter dem Einfluß warmer Höhenströmungen weiter nach Nordosten vordringen als dies die Bodenwetterlage mit Frost und Schnee sinnvoll erscheinen läßt. Dann sind Kranichtrupps auf verschneiten Feldern und gefrorenen Schlafplätzen zu finden.

Wenn die Zeit gekommen ist

Von großer Bedeutung für den Zugbeginn sind Rücken- und Seitenwinde, die Nahrungssituation im Rastgebiet, das Sinken der Temperaturen im Herbst und deren Anstieg im Frühjahr. Hemmend wirken Gegenwind, Regen und Nebel, im Frühjahr auch kaltes Wetter und geschlossene Wolkendecken – Faktoren, die mit fortschreitender Jahreszeit immer weniger ins Gewicht fallen. Im Frühjahr bewirken lokale Wetterunbilden Zugstaus, die im Februar und März regelmäßig zur kurzzeitigen Zwischenrast größerer Kranichtrupps führen. Der wetterharte Kranich bleibt in der Regel selbst unter ungünstigen Bedingungen meist an der einmal erreichten Zugposition. Kraniche ziehen vor allem während des Tages. Ob am Hornborgasee in Schweden, in der Rügen-Bock-Region der deutschen Ostseeküste, an den Rastplätzen Zyperns oder Spaniens – überall starten die Kranichflüge vorzugsweise einige Stunden nach Sonnenaufgang, wenn warme Aufwinde das Erreichen geeigneter Flughöhen begünstigen. Bei Massenabzügen können aber auch große Gruppen in den frühen Morgenstunden oder sogar nachts direkt vom Schlafplatz aufbrechen. Der Zeitpunkt für den Abzug liegt in Schweden und Finnland zwischen Ende September und Anfang Oktober, im Baltikum und im Osten Polens zwischen Anfang und Mitte Oktober, in Mitteleuropa und Ungarn zwischen Mitte Oktober und Anfang November.

Ruhende Kraniche. Wenn die Vögel sich völlig sicher fühlen, legen sie sich sogar auf Nahrungsflächen zum Schlafen hin.

Schrittweise

An den Rastplätzen verbringen die Kranichgruppen Tage, Wochen und Monate, wobei das schrittweise Vorrücken in Richtung ihres Zieles üblicher ist als ein langer Aufenthalt an einem Ort mit anschließendem Fernflug. Voraussetzung für die Entstehung größerer Raststätten ist deren günstige Lage innerhalb regelmäßig beflogener Routen, deren Zuglinien wiederum durch die Rastmöglichkeiten wesentlich bestimmt werden. Auf den Zugwegen gibt es Regionen, für die lange Rastaufenthalte typisch sind, und solche, an denen die Kraniche den Zug nur kurzzeitig unterbrechen. Sogenannte Langzeitrastplätze befinden sich zum Beispiel in Estland, im Nordosten Polens und im Nordosten Deutschlands. Nachdem diese Regionen im Spätherbst verlassen sind, unterbrechen die Zuggruppen den Flug sowohl an bekannten „Kurzzeitrastplätzen" als auch irgendwo unterwegs für Stunden oder auch einige Tage.

Alle Populationen rasten im Herbst vor dem Abzug ins Winterquartier in kleineren oder größeren Gruppen. Die verfügbare Zeit zwischen der beendeten Aufzucht der Jungen und

Rastende Kraniche
suchen am Tag – häufig
gemeinsam mit Gänsen –
Stoppelfelder auf,
um energiereiche
Nahrung aufzunehmen.

dem Beginn des Zuges wird durch ein unterschiedlich langes Verweilen am Brut- und am Sammelplatz ausgeglichen. Die Familien des hohen Nordens haben keine Zeitreserve und ziehen nach erreichter Flugfähigkeit der Jungen oft direkt zu den Rastplätzen, ohne sich vorher in ihrer Brutheimat gesammelt zu haben. Das Verbleiben im Brutgebiet bis zum Abzug findet sich auch häufig bei Familien, die sich am westlichen Rand des besiedelten Gebietes aufhalten.

Große Unterschiede

Während im Herbst alle Kraniche unabhängig von ihrer Herkunft in eine mehrwöchige Rast in Mitteleuropa einbezogen sind, stellt sich das Verhalten im Frühjahr anders dar. Die Brutvögel Mitteleuropas kehren bereits zwischen Mitte Februar und Anfang März in ihre Reviere zurück, während die Populationen des höheren Nordens ihr Brutgebiet erst zwischen April und Mai erreichen und sich daher entsprechend mehr Zeit für den Rückflug nehmen können bzw. müssen.

So erklären sich z. B. die großen Unterschiede in der Frühjahrs- und Herbstrast der Rügen-Bock-Region, deren durchschnittliche Belegungszeit im Frühjahr mit knapp 8 000 Kranichen etwa sieben Wochen (von Anfang März bis Ende April), im Herbst dagegen mit bis zu 40 000 Vögeln mehr als 15 Wochen (von Anfang August bis Ende November) beträgt.

Trotz zeitlicher und zahlenmäßiger Schwankungen ist der Rastverlauf für die einzelnen Plätze typisch, z. B. der langsame Anstieg der Kranichzahlen im August und September durch das Sammeln einheimischer Vögel, dem ein stärkerer Anstieg im Oktober durch den Zuzug rastender Vögel folgt. Zur eigentlichen Zugzeit werden dann die Rastmaxima im Oktober und Anfang November erreicht.

Haupt- und Nebenschauplätze

Die Rastplätze bestehen aus den Schlafstellen und dem täglichen Einzugsgebiet mit seinen Nahrungsflächen. Im deutschen Verbreitungsgebiet des Kranichs sind rund 30 Rastplätze bekannt, die Höchstzahlen zwischen 100 und 40 000 Kranichen erreichen. Die Kranichrast an diesen Plätzen wird seit mindestens zwei Jahrzehnten, in einigen Fällen seit 60 und 70 Jahren (Müritzgebiet, Dübener Heide) beobachtet und geschützt.

Die Schlafstellen bilden die Grundlage aller Kranichsammel- und Rastplätze. In den zurückliegenden zwei Jahrzehnten sind bei einer starken Zunahme der Kranichzahlen die geeigneten Schlafstellen in etwa konstant geblieben, so daß sich die Anzahl der anwesenden Vögel an den meisten Plätzen erheblich erhöht hat. Das bringt insbesondere an kleinen Schlafgewässern Probleme mit sich. Der begrenzte Raum muß dort bis in die Nähe der unsicheren Ufer bzw. Schilfkanten ausgenutzt werden. Der abendliche Einfall findet hier nicht, wie z. B. an den Schlafstellen der Rügen-Bock-Region, gegen Sonnenuntergang, sondern erst bei fortgeschrittener Dämmerung und eintretender Dunkelheit statt. Dieser späte Einflug dient der Sicherheit der Tiere. Die Kraniche fliegen jedoch auch hier die bis zu 20 Kilometer lange Strecke von den Nahrungsflächen zum Schlafplatz bei größerer Helligkeit, um nicht zusätzlichen Gefahren ausgesetzt zu sein. Die Zeit zwischen dem Anflug und dem Einfall am Schlafplatz verbringen diese Kraniche an sogenannten „Vorsammel-" oder „Zwischenlandeplätzen", die sich auf weitflächigen Feldern und Wiesen im näheren Umkreis der Schlafstellen befinden und einen Teil des Schlafplatzes selbst bilden. Wo solche Situationen gegeben sind, wie beispielsweise an den großen Rastplätzen des Rhin- und Havelländischen Luchs, an der unteren Havel und in der Lausitz, muß das ganze Gebiet durch einen hohen Schutzstatus gesichert werden. Denn wo die Zwischenlandeplätze nicht mehr genutzt werden können, ist mit dem baldigen Ende der Rast größerer Kranichgruppen zu rechnen.

Kumuluswolken begleiten häufig eine Hochdruckwetterlage, die zusammen mit einer nordöstlichen Höhenströmung ideale Bedingungen für den Zug in Südwest-Richtung bietet.

Zwei Drittel aller Rastplätze haben zwei bis vier Schlafstellen, die teilweise gleichzeitig, häufig aber auch nacheinander während einer Rastperiode angeflogen werden. Besonders gefährdet sind Rastplätze mit nur einem Schlafbereich, und dies besonders dann, wenn dort zahlreiche Kraniche übernachten, wie z. B. an der Havel oder bei Nauen.

Sicherheit allein genügt nicht

Die Schlafplatzhabitate sind unterschiedlicher Natur. In Deutschland gibt es rund 80 Schlafstellen, in nassen Jahren auch 100 und mehr. Etwa ein Viertel aller rastenden Kraniche übernachtet in den Wasserflächen von Sümpfen,

Mooren und alten Torfstichen, die etwa 40 Prozent aller Schlafplätze stellen. Flache Seeufer und tote Flußarme machen dagegen ungefähr 25 Prozent der Biotope mit 15 Prozent der rastenden Tiere aus. Untiefen in den Boddengewässern im Hinterland der Ostseeküste stellen 15 Prozent der Schlafhabitate, nehmen aber rund 40 Prozent aller Kraniche auf. Gestaute Wasserflächen in Feldern und Wiesen sind mit gut zehn Prozent Fläche, aber mit kaum mehr als fünf Prozent aller Kraniche beteiligt, während bewirtschaftete Fischteiche und Abwasserflächen etwa drei Prozent aller Schlafstellen ausmachen, aber zur Zeit von bis zu 25 Prozent der Vögel belegt werden. Geflutete Braunkohlegruben und andere Möglichkeiten spielen bisher eine eher untergeordnete Rolle. Ohne ausreichendes Nahrungsangebot im Umfeld verlieren noch so günstige Schlafstellen ihre Anziehungskraft. Die Nahrungsflächen können direkt in der Nähe liegen, aber auch zehn bis 20 Kilometer, im Extremfall sogar bis zu 30 Kilometer entfernt sein. Als Nahrungsflächen werden vorzugsweise Stoppeläcker (Mais, Gerste, Weizen) sowie Neusaaten, und hier vor allem Weizen und Gerste, aufgesucht. Auch auf den Feldern benötigen die Tiere Ruhe, da es bei häufigen Störungen zu Streßsituationen mit zusätzlichem Energiebedarf und damit zu einer höheren Futteraufnahme kommt. In den Vormittags- und Nachmittagsstunden steht die Nahrungsaufnahme im Vordergrund, während zur Mittagszeit und vor dem Abflug zu den Schlafstellen eher die Körperpflege, soziale Interaktionen und das Ruhen vorherrschen. Dem Sicherheitsbedürfnis der Kraniche kommen die großen Ackerschläge der Landwirtschaft Ostdeutschlands entgegen. Zusammen mit einem reichlichen Nahrungsangebot und guten Schutzbedingungen dürfte dies die Ursache der zunehmenden Frequentierung der deutschen Rastplätze sein. Immer moderne Maschinen lassen aber immer weniger Ernterückstände auf den Flächen zurück. In Zukunft könnte dies die Zahl der rastenden Kraniche stark limitieren.

Ein fester Rhythmus

Im Gegensatz zum Verhalten der übersommernden Kraniche besteht an den Sammel- und Rastplätzen ein fester Tagesrhythmus. Der Morgenaufbruch beginnt mit der ersten Dämmerung, nachdem die Vögel rufend Kontakte gesucht und das Gefieder freigeschüttelt haben. Die Dauer des Abfluges ist in der Regel kürzer als der Einflug am Abend. Kleine Gruppen verlassen das Schlafgewässer oft kurzzeitig nacheinander, große Kranichscharen benötigen aber auch morgens ein bis zwei Stunden. Verzögern kann sich der Abflug an nebligen Tagen, aber auch bei Gefahren; z. B. dann, wenn an kleinen Schlafgewässern ein Seeadler aufgebaumt hat, der für einzelne schwächere Vögel und kleine Gruppen durchaus gefährlich werden kann. Im Gegensatz zum Abendeinfall bestehen für die Zeit des morgendlichen Abfluges keine zeitlichen Unterschiede zwischen den verschiedenen Schlafplatzhabitaten.

Neue Impulse

Beobachtungen und Beschreibungen von Zugwegen reichen weit in das 19. Jahrhundert zurück. Während damals eher über lokale Zugerscheinungen berichtet wurde, sind in der ersten Hälfte dieses Jahrhunderts bereits die großräumigen Zugrouten in Europa weitgehend zutreffend beschrieben worden. Die große Zahl feldornithologischer Beobachtungen und Auswertungen wird seit Mitte der 80er Jahre durch die Farbmarkierung und Besenderung von Kranichen ergänzt, was der Zugforschung neue Impulse verliehen hat.

Die heutigen Erfahrungen lassen mehrere Zugwege in Europa unterscheiden (Abb. S. 67). Am besten untersucht ist die westeuropäische Zugroute, und auch für den nördlichen Teil des

baltisch-ungarischen (osteuropäischen) Zugweges liegen genaue Kenntnisse vor.
Die westeuropäische Zugroute wird von Norden her durch skandinavische und von Osten durch finnische, baltische und russische Kraniche gespeist. In Mitteleuropa kommen die polnischen und deutschen Populationen dazu.

Skandinavien

Die aus Schweden und Norwegen, vielleicht auch aus dem nordwestlichen Teil Finnlands stammenden Kraniche durchziehen Schweden von Norden nach Süden, wobei sich im westlichen und östlichen Teil des Landes stärkere Zugkonzentrationen herausgebildet haben. Die im Westen Schwedens wandernden Kraniche erreichen das deutsche Festland zwischen der Odermündung und dem Darß, dabei wird die Insel Rügen vorzugsweise angeflogen. Hier erscheinen die ersten Rastgruppen ab Mitte August. Ein starker Anstieg der Zahlen wird ab Mitte September und der Höhepunkt zwischen Mitte und Ende Oktober beobachtet.
Im östlichen Teil Schwedens ziehende Kraniche rasten teilweise auf der Insel Öland, um dann die Ostsee südwärts in Richtung Polen zu überqueren.
Der Abzug skandinavischer Kraniche findet zwischen Mitte August und Mitte Oktober statt, wobei in der dritten September- oder ersten Oktoberdekade der Höhepunkt erreicht wird. In den zurückliegenden zwei Jahrzehnten hat es eine Zeitverschiebung in den Herbst hinein gegeben, so daß gelegentlich auch noch im November Kraniche in Skandinavien ziehen. Die eigentliche Hauptrast der skandinavischen Vögel findet in Deutschland und in Polen in Küstennähe statt.

Deutschland

Deutschland wird außer von Norden her durch große Zugkontingente aus östlicher Richtung angeflogen, die zwischen der Ostseeküste und der Lausitz eintreffen. Zugkonzentrationen sind in Küstennähe, im Torun-Eberswalder Urstromtal und in zunehmender Zahl auch über Schlesien und der Lausitz zu beobachten. Seit Mitte der 1980er Jahre ist eine starke Zunahme des Ost-West-Durchzuges im deutschen Inland festzustellen, wo die Höchstzahlen rastender Kraniche im Herbst 1996 erstmals über denen der Küstenregion lagen. Die Ablesung zahlreicher farbig beringter Kraniche in Deutschland zeigt, daß in Mecklenburg-Vorpommern vorzugsweise die schwedischen Kraniche und weiter südlich die aus Finnland, den baltischen Ländern und wahrscheinlich aus dem Nordwesten Rußlands ziehen.
Während in Finnland nur wenige kleine Rastplätze bekannt sind, bilden Estland sowie der Nordosten Polens große Rastregionen, an denen jeweils 20 000 bis 30 000 Kraniche im Herbst gleichzeitig den Zug unterbrechen. In Polen hat sich insbesondere das Masurische Seengebiet zu einer bedeutenden Rastregion entwickelt, aus der zum großen Teil der Ost-West-Durchzug in Deutschland gespeist wird. Dazu kommen zahlreiche kleine und mittlere Plätze in den pommerschen Gebieten Polens.
In Deutschland erscheinen die ersten Zuggruppen von Osten her ab Mitte September am Rastplatz der unteren Oder, dagegen erst ab Oktober an den großen Rastplätzen nördlich Berlins und in der Lausitz. Der Höhepunkt dieses Ost-West-Durchzuges liegt zwischen der zweiten Oktober- und ersten Novemberhälfte, wobei stärkere Zugkontingente bis Mitte Dezember von Osten kommen können. Nach dem Verlassen der deutschen Rastplätze fallen durchaus noch kleinere Gruppen von Nachzüglern ein, die sich besonders lange in Polen aufgehalten haben.

An der deutschen Ostseeküste

Am bekanntesten und bedeutendsten sind die großen Rastplätze in der Rügen-Bock-Region, wo seit Jahrhunderten Kraniche ihren Zug im Herbst und Frühjahr unterbrechen. Hier befinden sich zahlreiche Schlafstellen in den weitläufigen Flachwassergebieten südlich der Halbinsel Zingst, an der Inselgruppe Bock/Werder und in den Boddengewässern westlich von Rügen. Während des Zughöhepunktes können hier insgesamt 30 000 bis 40 000 Kraniche erwartet werden, die ihr Nahrungsgebiet vor allem im Landkreis Nordvorpommern sowie auf der Insel Rügen haben. Es wurden mehrere günstige Beobachtungspunkte eingerichtet: bei Tankow auf Ummanz im Westen von Rügen, bei Pramort auf der Ostspitze der Halbinsel Zingst (Nationalpark Vorpommersche Boddenlandschaft) und bei Bisdorf nördlich von Groß Mohrdorf. Aber auch am Hafen von Zingst oder an der Meiningenbrücke zwischen Barth und der Halbinsel Zingst ist der Anflug zur Insel Kirr gut zu betrachten. Informationen über die besten Beobachtungsmöglichkeiten können Besucher dieser Region im Kranich-Informationszentrum in Groß Mohrdorf erhalten.

Herbstzug durch Deutschland

Der weitere Zug durch Deutschland verläuft in südwestliche Richtungen, wobei die nördlichen und östlichen Zuggruppen sowie die Flüge der verschiedenen Rastplätze zwischen Elbe und Weser ineinander laufen. Die nördliche Grenze dieses Zugweges wird im Herbst etwa durch die Linie Rostock - Hamburg - Enschede gebildet, gelegentlich können aber auch in Schleswig-Holstein und im nördlichen Niedersachsen Kranichflüge beobachtet werden. Im Süden begrenzt eine Linie über Dresden-Hildburghausen-Würzburg-Mannheim diesen Zugweg. Einzelne Flüge können auch bis nach München und in die Schweiz abdriften. Das Zugzentrum liegt im Bereich der Elbe etwa zwischen Wittenberge und Magdeburg und im Bereich des Rheins zwischen Bonn und Koblenz. Bei stärkeren Südost- oder Nordostwinden kann es zu weiträumigen Verdriftungen kommen.
Die Rast- und Zughöhepunkte differieren zwischen Oder und Elbe sowie Ostsee und Lausitz

Bei Sonnenuntergang
fallen die Kraniche in ihre
Schlafgewässer ein.

um jeweils zehn bis 14 Tage. In den zurückliegenden beiden Jahrzehnten ist es außerdem zu einer deutlichen Zeitverschiebung gekommen. Die letzten Kranichgruppen ziehen um drei bis vier Wochen später ab bzw. machen bei milder Witterung immer häufiger Überwinterungsversuche.
Die Länge der herbstlichen Zugperiode variiert in stark beflogenen Bereichen zwischen sechs und zwölf Wochen, wobei pro Jahr 20 bis 40 Zugtage ermittelt werden, von denen nur einige Massenzugtage sind. Meist fallen zwei bis drei Zugwellen auf, deren erste vor allem von den skandinavischen Kranichen von der Rügen-Bock-Region aus erfolgt, während die folgenden Zugwellen von den im Inland rastenden ost- und mitteleuropäischen Populationen gebildet werden. Vieles deutet darauf hin, daß die einheimische Kranichpopulation zuletzt abzieht. Nichtbrüter und erfolglose Paare brechen in aller Regel einige Wochen vor den Brutvögeln ins Winterquartier auf.

West oder Ost?

Beobachtungen der letzten beiden Jahre, wonach in Finnland beringte Kraniche nacheinander sowohl die ost- als auch die westeuropäische Route benutzten, könnten die bisherige Lehrmeinung, daß die verschiedenen Populationen in ihrer Abzugsrichtung weitestgehend festgelegt seien, einschränken. Die auf beiden Routen beobachteten Kraniche wurden in allen Teilen Finnlands beringt, so daß deren Brutheimat keine Beziehung zum Zugweg erkennen läßt. Danach scheinen zumindest einige Kraniche erst im osteuropäischen Zugscheiden-Mischgebiet die Entscheidung über den weiteren Zugverlauf zu treffen.

Jedes Jahr in Deutschland

Von der Arbeitsgemeinschaft Kranichschutz wird alljährlich eine gute Übersicht zur Rast in Deutschland erarbeitet, die die bekannten Rastplätze und damit über 95 Prozent aller anwesenden Kraniche erfaßt. Klar ablesbar ist ein nahezu linearer Anstieg der Rastzahlen von Anfang August bis Anfang Oktober, in die sämtliche einheimischen Kraniche und etwa die Hälfte der skandinavischen Population eingehen. Ab der zweiten Oktoberdekade findet ein massenhafter Zuzug statt, der die Gesamtzahl rastender Kraniche mehr als verdoppelt. Diese Massenankünfte lassen die Rastzahlen im Nordosten des deutschen Rastgebietes – Rügen-Bock-Region, Untere Oder, Kremmen-Linum-Nauen – enorm ansteigen, während weiter west- und südwärts liegende Plätze – Müritz-Nationalpark, südöstliches Brandenburg – vergleichsweise geringe Anstiege und die des westlichen Rastareals – Langenhägener Seewiesen, Schaalsee – kaum weiteren Zuzug aufweisen. Damit wird deutlich, daß die Massenankünfte nördlicher und nordöstlicher Herkunft während der zweiten Oktoberdekade vor allem an den Oder- und küstennahen Plätzen vorerst enden.
Die simultane Erfassung an allen Plätzen ergab für den 18./19. Oktober 1996 das bisherige Rastmaximum in Deutschland von etwa 87 000 Vögeln. Dabei erreichten die Rügen-Bock-Region am 19. mit circa 43 000 Vögeln, alle übrigen Plätze des Inlandes bereits um den 15. Oktober mit etwa 48 000 Kranichen die größten Rastkonzentrationen des Jahres und vermutlich auch des gerade zu Ende gehenden Jahrhunderts.
Nach einem ersten Frosteinbruch kam es zwischen dem 24. und 26. Oktober zu Massenabzügen, und die Rastzahlen fielen zum Ende des Monats um rund 35 000 auf einen Bestand von etwa 51 000 Kranichen. Ein erneuter Zuzug von Osten folgte in den letzten Oktober- und ersten Novembertagen einer kontinentalen Kaltluftfront in Osteuropa, wodurch die Rastplätze in Ostpolen weitgehend geräumt wurden und die Rastzahlen in Deutschland noch einmal anstiegen; zum 2. November auf 57 000. Den größten Anteil daran haben die östlichen Inlandrastplätze an der Oder, bei Linum/Kremmen, Nauen und in der Lausitz, während die Zahl an der Küste zurückging. Nachfolgende Massenabzugtage im November ließen die Rastzahlen auf lediglich 8 000 am 17. November abfallen. Weitere 4 000 Vögel verließen bis zum 26. des Monats das Rastgebiet, und die letzten größeren Gruppen zogen in den ersten Dezembertagen ab. Zurück blieben 405 Kraniche, von denen am 21. Dezember noch zehn übrig waren.
Der Rastverlauf am Kurzzeitrastplatz des Helme-Stausees, der zwischen Harz und Kyffhäuser außerhalb des Brutverbreitungsgebietes liegt, unterscheidet sich grundlegend von dem der übrigen Plätze, da hier die Rast erst beim beginnenden Wegzug einsetzt und den Höhepunkt mit der zweiten großen Zugwelle im November 1996 erreicht hat (11.11.: 2 300). Ähnliche Rastverläufe zeigten die Plätze an der Elbe bei Wittenberge (10.11.: 3 500) und im Ostenholzer Moor nördlich von Hannover (11.11.: 650), an denen nur wenig Sammeln und geringes Rasten einheimischer Vögel vor der Zeit der Massenankünfte stattfindet. Die jeweils kurzzeitige Nutzung dieser Plätze durch ziehende Flüge erklärt die starken Zahlenschwankungen, auch wenn einige Gruppen über Tage und Wochen verweilen können.
Aus den Daten des Herbstes 1998 ergibt sich für die westeuropäische Route eine Gesamtzahl von etwa 100 000 Kranichen.

Frankreich

Nach dem Abzug von den ostdeutschen Rastplätzen ziehen die meisten Flüge westwärts bis Frankreich. Nur kleinere Gruppen unterbrechen ihren Flug für wenige Tage an Kurzzeitrastplätzen, z. B. am Helme-Stausee zwischen Harz und Kyffhäuser oder im Ostenholzer Moor nördlich von Hannover. Die Flugstrecke zwischen Mecklenburg-Vorpommern und Brandenburg auf der einen sowie Lothringen und der Champagne-Ardenne auf der anderen

Seite beträgt 800 bis 1000 Kilometer, die bei günstigen Windverhältnissen innerhalb von zehn bis zwölf Stunden zurückgelegt werden können.
In Frankreich verläuft die Zugroute diagonal durch das Land, markiert durch die großen Rastregionen in Lothringen und der Champagne Humide im Nordwesten sowie in der Region Aquitaine im Südwesten des Landes. Üblicherweise werden die westlichen Pyrenäen in der Provinz Navarra und dem östlichen Baskenland zwischen den Morgen- und Nachmittagsstunden überquert, nachdem die Flüge die französischen Rastplätze verlassen haben.
In Frankreich werden seit mehr als einem Jahrzehnt nicht nur der Zug, sondern auch die Rast und Überwinterung intensiv untersucht. Die bedeutende Kranichregion von Woevre in Lothringen hat in einer Nord-Süd-Ausdehnung von etwa 70 Kilometern drei regelmäßig und zwei gelegentlich besuchte Rast- und Überwinterungsplätze. Im nördlichsten halten sich vor allem während des Frühjahrs 8000 bis 10000 Kraniche auf, bis 1995 überwinterten nur bis zu 200 Vögel pro Jahr. Sämtliche Kranichplätze haben, wie auch die Kranichregion der Champagne Humide (Champagne-Ardenne) mit ihren 1350 Quadratkilometern, einen nationalen Schutzstatus, der zum Teil auch international abgesichert ist oder durch spezielle Projekte in Übereinstimmung mit den privaten Eigentümern der Gewässer und der angrenzenden Zwischenlandeplätze reguliert wird.
Der bedeutendste aller französischen Rastplätze ist der See Der-Chantecoq, an dem im Frühjahr und im Herbst zwischen 20000 und 40000 Kraniche ihren Zug unterbrechen. Im Herbst beginnt hier die Rast in der dritten Oktoberdekade, das Maximum liegt um den 20. November bei einer Gesamtrastdauer von etwa sieben bis acht Wochen.
Ein zweiter Rastplatz befindet sich an den Seen Forêt d'Orient (Amance area), an dem ebenfalls einige tausend Kraniche rasten und mehrere hundert unregelmäßig überwintern. Das gesamte Rastgebiet erstreckt sich von Nordost nach Südwest über eine Entfernung von etwa 60 Kilometern.
Eine zunehmende Bedeutung hat die im Südwesten Frankreichs gelegene Kranichregion in der Landes de Gascogne (Aquitaine) erlangt, für die in einer Nord-Süd-Ausdehnung von über 120 Kilometern fünf Rastplätze beschrieben sind. Der bedeutendste ist das Militärcampus von Poteau, wo 30000 bis 40000 Kraniche im Frühling und im Herbst ihren Zug unterbrechen und wo die Zahl der überwinternden Kraniche – bei steigender Tendenz – zur Zeit über 15000 Tiere erreicht.

Spanien

Eine klassische Kranichrast findet nur im Norden des Landes an wenigen Plätzen statt, wobei die Laguna de Gallocanta in den Provinzen Zaragoza-Teruel im Nordosten Spaniens den Kranichzug im Herbst und Frühjahr in besonderer Weise konzentriert. Hier bieten ausgedehnte Flachwasserbereiche günstige Schlafstellen, an denen vor allem in den frühen 1990er Jahren gezielte Störaktionen durch die örtliche Bevölkerung durchgeführt wurden. Im offenen und landwirtschaftlich intensiv genutzten Hochplateau befinden sich geeignete Nahrungsflächen, die bis zu zehn Kilometer vom See entfernt liegen. Nach stärkeren Störungen – da die Landwirte um ihr Saatgut fürchten – weichen die Kraniche auch in entferntere Gebiete mit täglichen Flugstrecken von bis zu 25 Kilometern aus.
Die ersten Vögel erscheinen in Spanien im Oktober, in dessen zweiter Hälfte stärkerer Zuzug stattfindet, der zwischen Ende November und Mitte Dezember seinen Höhepunkt erreicht. Dieser lag beispielsweise am 23. November 1989 bei 54000 Vögeln, in den folgenden Jahren wurden Höchstwerte von bis zu 60000 Kranichen ermittelt. Der Umfang an nachfolgenden Überwinterungen ist witterungsabhängig und erreichte zum Beispiel mit 11000 Vögeln im Januar 1986 den Höhepunkt. Kleinere Kranichgruppen ziehen von den westlichen Pyrenäen in südwestliche Richtung direkt in die Region Castilla y Leon, wo bis zu 2000 Kraniche rasten, bevor sie auch südwärts in die Extremadura, nach Andalusien und Portugal weiterwandern.
Der spanische Frühjahrszug entsteht beim Abzug von den etwa 60 Überwinterungsplätzen der Iberischen Halbinsel, die sich vor allem in der Extremadura und in Andalusien befinden. Auch wenn die Zuglinien nun etwas weiter östlich als im Herbst verlaufen, konzentriert sich das weitere Zuggeschehen wiederum auf die Laguna de Gallocanta. Häufig machen die Kraniche vor dem Überqueren der Pyrenäen hier noch einmal rastend halt, um geeignetes Wetter abzuwarten.
Der Abzug beginnt in Spanien ab Ende Januar und erreicht seinen Höhepunkt zwischen Ende Februar und Anfang März. Die letzten Flüge – überwiegend Jungvögel skandinavischer Populationen – verlassen die Laguna de Gallocanta bis Anfang April.

Frankreich im Frühjahr

In Frankreich rücken die Kraniche sowohl in Massenzügen als auch etappenweise von einer Rastregion zur anderen nordostwärts innerhalb eines ungefähr 200 Kilometer breiten Zuggebietes vor, das vor allem in seinen zentralen Teilen beflogen wird. Die Zugroute ist im Frühjahr im Vergleich zum Herbst bis zu 60 Kilometer nach Osten verschoben, weshalb beispielsweise in den Niederlanden im Frühling nur etwa ein Drittel der Kraniche des Herbstes im langjährigen Durchschnitt beobachtet werden (300 bzw. etwa 1000 Kraniche). Bei stärkeren Süd- bzw. Südostwinden kann es aber auch zu einer Nordabdrängung kommen, die 1980 bis zu 3000 Vögel in die Niederlande führte.
Der Rasthöhepunkt im Frühjahr liegt in Südfrankreich in den ersten Märztagen, in Nord-

westfrankreich dagegen in der Mitte des Monats März. Die gesamte Rastdauer aller einfallenden Vögel erreicht im Feldlager Camp de Poteau kaum 14 Tage, beträgt aber am See Der-Chantecoq im Durchschnitt sechs Wochen. In Frankreich beginnt der Abzug Mitte Februar, der Höhepunkt wird im März erreicht, und die letzten kleinen Kranichformationen verlassen das Land bis Ende April.

Der „Überspringzug"

Deutschland erreichen zuerst die am südlichsten beheimateten Paare, danach folgen die südskandinavischen, und schließlich ziehen Ende März und Anfang April die nordskandinavischen und nordosteuropäischen Brutvögel. Dieses Zugverhalten bedingt in Mitteleuropa verschiedene Zugwellen und wird als ein „Überspringzug" der verschiedenen Populationen bezeichnet. Ein umgekehrtes Zugverhalten besteht im Herbst in der Weise, daß die nordeuropäischen Brutvögel früher westwärts abwandern als die mitteleuropäische Population. Der Frühjahrszug dauert bei einem Durchschnitt von etwa 25 Zugtagen in Deutschland von Mitte Februar bis Mitte April.
In unseren Breiten streben die Brutvögel so schnell wie möglich ihren Brutrevieren entgegen. Daher legen sie im letzten Teil des Zuges meist nur kurze, witterungsbedingte Zwischenaufenthalte ein. Im statistischen Mittel kommen die Kranichflüge zwischen Süd und Nord etwa 50 Kilometer je Tag voran, so daß eine Zugperiode von Spanien bis Mitteleuropa drei und mehr Wochen dauern kann. Dabei haben die Junggesellen einen Zeitverzug von drei bis vier Wochen gegenüber der Brutpopulation. Die unterschiedlichen Zugzeiten der erwachsenen und jungen Kraniche lassen sich an den Rastgruppen des Frühjahrs ablesen, da bis zur ersten Aprilwoche im langjährigen Durchschnitt weniger als fünf Prozent Jungvögel, Mitte April um 15 Prozent und bei den letzten Gruppen im Mai über 80 Prozent Jungvögel festgestellt werden können. Große Fluggruppen nehmen im Frühjahr wiederum den Weg über die Rügen-Bock-Region, wo zwischen Mitte März und Ende April rastende Kraniche zu beobachten sind. Ein Teil der skandinavischen Kraniche verläßt das Festland bereits zwischen Kiel und dem Darß, um die Ostsee nordostwärts zu überqueren.
So eindrucksvoll sich der Herbstzug darstellt, so vergleichsweise unauffällig verläuft in Mitteleuropa der Heimzug der Kraniche. Aber auch zu dieser Jahreszeit können großartige Beobachtungen an warmen Vorfrühlingstagen gemacht werden, wenn ankommende Zuggruppen über den norddeutschen Brutgebieten unter lauten Rufen kreisen, die einheimischen Vögel ausscheren und niedergehen, oder wenn große Kranichschwärme über der Rügen-Bock-Region vormittags an sonnigen März-/April-Tagen hoch in den blauen Himmel aufsteigen, um Deutschland in Richtung Schweden zu verlassen.

Zurück nach Skandinavien

In Schweden werden die Brutplätze im Süden in der ersten und in Mittelschweden in der zweiten Märzhälfte erreicht. Mit einem Zeitverzug von zehn bis 14 Tagen ziehen die nordskandinavischen Vögel, die am Hornborgasee mit Konzentrationen von bis zu 8 000 Vögeln kurzzeitig rasten. Dessen weitläufige Flachwasserzonen bilden den einzigen bekannten Frühjahrsrastplatz Skandinaviens. Die Schlafstellen sind von den Nahrungsflächen bis zu einem Abstand von zehn Kilometern umgeben, wo die Vögel im Herbst Getreidestoppel und Neusaaten vorfinden.
Nach Stillegung der örtlichen Alkoholbrennereien und damit der Einstellung des Kartoffelanbaus folgte ab 1973 ein starker Rückgang der Frühjahrsrast. Um den Vögeln des hohen Nordens weiterhin gute Bedingungen zum Rastaufenthalt in dieser Region zu bieten, wurden seit Anfang der 1980er Jahre eigens für die Kraniche einige Hektar Kartoffeln in der Nähe des Dorfes Bjurum am Nordende des Sees angebaut, die gut angenommen wurden. Heute wird am Beobachtungszentrum Naturum Trandansen eine Fütterungsfläche täglich mit Getreide beschickt. Das sehr gut zu beobachtende Rastgeschehen auf dieser Fläche und die vielen schon balzenden und tanzenden Kraniche locken alljährlich Tausende von Besuchern an, um am Hornborgasee die Vorboten des Frühlings aus nächster Nähe erleben zu können. Eine Ausstellung informiert die interessierte Öffentlichkeit über das Phänomen des Kranichzuges und die Notwendigkeiten wirksamer Schutzmaßnahmen.

Steigende Zahlen

Der Zug auf der westeuropäischen Route ist von maximal 40 000 Kranichen am Anfang der 1980er Jahre über 60 000 Vögel um 1990 auf etwa 100 000 Kraniche im Jahr 1998 angewachsen. Diese erfreuliche Zunahme ist ein Ergebnis der wachsenden Populationen in Nord-, Nordost- und Mitteleuropa sowie einer offensichtlichen Westverlagerung des Abzugs nordosteuropäischer Kraniche. Als Ergebnis der vorliegenden Beobachtungen und der verfügbaren Daten über die Brutpaare der einzelnen Länder kann festgestellt werden, daß weniger als zwei Drittel der Kraniche des westlichen Zugweges aus Skandinavien sowie mehr als ein Drittel aus Deutschland, Polen und den nordosteuropäischen Ländern stammen.
Günstige Nahrungs- und Übernachtungsbedingungen an gut geschützten Schlafplätzen sowie der Wegfall von Jagddruck und anderen Nachstellungen auf der gesamten westeuropäischen Zugroute ermöglichen den Kranichen eine relativ risikoarme Wanderung mit einer hohen Rückkehrrate in die Brutgebiete. Das scheint auch der Grund für den seit Mitte der 1980er Jahre stark zunehmenden Durchzug nordosteuropäischer Kraniche durch Mitteleuropa zu sein.

Zweimal jährlich müssen Kraniche des westeuropäischen Zuges die Pyrenäen überwinden.

Der Zug im Osten

Der baltisch-ungarische Zugweg setzt im Herbst in Finnland und den nordwestrussischen Brutgebieten des Kranichs ein. Er nimmt die Kraniche der baltischen Länder, der Republik Belarus sowie des polnischen Ostens und des ukrainischen Westens auf, um dann südwärts zur Ungarischen Tiefebene mit ihren großen Rastplätzen zu verlaufen. Bislang ist völlig unklar, welche Kontingente der genannten Populationen, insbesondere aus Rußland, Belarus und der Ukraine, diesen Zugweg oder die weiter östlich verlaufenden Abflugrichtungen benutzen. Dagegen kann anhand der Ablesungen beringter Kraniche in Ungarn eingeschätzt werden, daß die Mehrzahl der finnischen Kraniche innerhalb des osteuropäischen Zugscheidengebietes auf diesen Zugweg gelangt.

Ein kleiner Teil der schwedischen Kraniche benutzt nicht den westeuropäischen, sondern diesen osteuropäischen Zugweg. An den ungarischen Rastplätzen wurden bis zum Frühjahr 1998 insgesamt 100 finnische und zehn schwedische Kraniche abgelesen, woraus allerdings keine Relation zur Herkunft der Durchzügler in Ungarn errechnet werden kann, da in den einzelnen Regionen Skandinaviens mit unterschiedlicher Intensität beringt wird.

In Finnland ist der Kranichzug über die ganze Breite des Landes verteilt, wobei die stärksten Konzentrationen westlich und östlich von Helsinki beobachtet werden. In Estland treffen die finnischen Populationen und große Zuggesellschaften aus Nordwestrußland zusammen, um zu einem großen Teil an den zahlreichen Rastplätzen des Landes ihren Zug zu unterbrechen. Über Lettland und Litauen dominieren südliche und südwestliche Zugrichtungen. Territorial etwa gleich verteilt, münden sie in die west- wie die osteuropäische Zugroute ein.

Morgendlicher Aufbruch von einem Schlafgewässer der Laguna de Gallocanta in Spanien.

Mit wachsender Konzentration

Die durchschnittlichen Fluggrößen nehmen auf dem Zugweg und in den Rastregionen von Nordost nach Südwest kontinuierlich zu. Auf der Kola-Halbinsel betragen die Fluggrößen im Mittel lediglich fünf bis sieben Kraniche, im Leningrader Bezirk liegen sie bereits bei 15 bis 20 Vögeln, in Lettland dann bei 31 bis 60 und in Litauen endlich bei 50 bis 100 Kranichen. Südwärts durchzieht diese Route den Westteil der Republik Belarus und den Ostteil Polens, die gemeinsam mit Litauen das Zugscheiden-Mischgebiet bilden. Die Entscheidung für die Wahl der Abzugsrichtung dürfte neben der erblichen Komponente vor allem durch lernbedingte Prägung erfolgen, kann aber durch aktuelle Bedingungen mittelfristig verändert werden, z. B. als zunehmend bevorzugter Zug in westliche Richtung.

Finnland und Estland

In Finnland und in Karelien gibt es nur kleinere Sammel- und Rastplätze, an denen sich maximal 1 000 bis 2 000 Vögel einfinden, wie z. B. bei

Södafjörden nahe der Stadt Vaasa im Westen Finnlands. In der Sankt Petersburger Region mit einer für Mecklenburg-Vorpommern vergleichbaren Besiedlungsdichte von etwa drei Paaren je 100 Quadratkilometer sind 15 Sammel- und Rastplätze bekannt, deren größter bis zu 600 Vögel aufnimmt.

Dagegen hat sich Estland seit Ende der 50er Jahre zu einer ausgesprochenen Rastregion entwickelt, in der sich im Herbst über 30 000 Kraniche an gut 20 Rastplätzen mit mehr als 40 Schlafstellen gleichzeitig aufhalten. Die Höchstzahlen werden hier zwischen Anfang September und Mitte Oktober erreicht; man schätzt eine durchschnittliche Rastdauer von etwa 20 Tagen. Für das Jahr 1996 wird ein Zug durch Estland von insgesamt etwa 45 000 Kranichen angenommen, die mehrheitlich in die baltisch-ungarische und zu geringeren Anteilen in die westeuropäische Zugroute, möglicherweise aber auch in die pontisch-russischen Zugwege einmünden.

Der größte Rastplatz Nordosteuropas befindet sich in der Matsalu-Bucht Estlands, wo bei einem laufenden Zahlenanstieg seit den 1950er Jahren zwischen 10 000 und 12 000 Kraniche gleichzeitig rasten. Der Höhepunkt wird hier in der Regel in der zweiten September- und ersten Oktoberhälfte erreicht, wobei die letzten Kraniche bis Anfang November im Land bleiben können.

Südwärts

Die südwärts abziehenden Vögel überqueren die Niederen Beskiden und gelangen durch die Täler der Waldkarpaten in die Ostslowakei. Hier werden höhere Gebirgsketten überflogen, in denen bei aufkommenden Schneestürmen sogar ein Landen in engen Gebirgstälern beobachtet wurde. Während im Westteil Ungarns, in Tschechien und in Österreich nur selten Zugerscheinungen festgestellt werden, gibt es zwischen Donau und Theiss einen geringen und östlich der Theiss einen starken Durchzug, dessen Zugzentrum beidseits der ungarisch-rumänischen Grenze von Nord nach Süd verläuft. Parallel zu dieser großen Zugroute sind kleinere Zuglinien durch Rumänien zu vermuten, die vor allem durch den östlichen Landesteil verlaufen.

Ungarn

Die großen Rastplätze Ostungarns bilden einen entscheidenden Konzentrationspunkt des Zuges. Hier rasteten bis zum Ende der 1980er Jahre die größten Zugkontingente am Salzsee von Kardoskut in der Gegend von Szeged. Seither hat dieser von großen Maisfeldern umgebene, jedoch in seiner Wasserführung instabile Rastplatz an Bedeutung verloren. Als Folge des strikten Kranichschutzes im Hortobágy-Nationalpark ist in dessen weitläufigen Fischteichen der zur Zeit größte Rastplatz des Herbst- und Frühjahrszuges in Europa entstanden, an dem alljährlich zwischen 40 000 und 70 000 Kraniche gleichzeitig ihren Zug unterbrechen. Der Höhepunkt des Rastgeschehens fällt – mit gegenwärtig bis zu 80 000 Vögeln in Ungarn – in die dritte Oktober- und erste Novemberdekade. Die letzten Flüge verlassen das Gebiet bis

Ende November, sofern es nicht, wie in den Jahren 1982/83, zu Überwinterungen größeren Ausmaßes kommt. Wie in Mittel- und Westeuropa hat sich auch hier im letzten Jahrzehnt der Abzug um ein bis zwei Wochen in den Spätherbst hinein verschoben.

Über das Mittelmeer hinweg

Die Zugroute teilt sich südlich von Ungarn in einen östlichen und einen westlichen Schenkel, der als „Mittelmeer-Zugweg" in die Literatur eingegangen ist. Er durchquert den westlichen Balkan, um von der albanischen Adriaküste über Sizilien und Kalabrien in Süditalien nach Tunesien zu verlaufen. Dabei werden die Liparischen Inseln nördlich von Sizilien, Malta und geringfügig auch Sardinien berührt, wo es sogar Überwinterungen gegeben haben soll.
Vom östlichen Schenkel dieser Zugroute liegen nur wenige Beobachtungen vor, die aus Bulgarien, Jugoslawien und Griechenland stammen. Bedeutsam ist der Nachweis eines in Finnland beringten, in Ungarn abgelesenen und in Israel rastenden Kranichs. Für diesen osteuropäischen Zugweg sind südlich von Ungarn keine bemerkenswerten Rastregionen bekannt, so daß angenommen werden muß, daß die Flüge mit nur kurzen Zwischenaufenthalten zu ihren Winterquartieren ziehen.

Ein eindrucksvolles Beispiel

Ein schönes Beispiel für den Zugablauf gibt ein finnischer Kranich, den die Forscher „Mersimarja", d. h. „arktischer Dornenzweig", getauft haben, der am 31. August 1992 mit einem Satellitensender versehen wurde. Nach weiteren zwei Wochen in Finnland erreichte er am 16. September die Matsalu-Bucht, an der er etwa drei Wochen rastete. Von hier aus zog er mit einem Kurzaufenthalt in Litauen am 10. Oktober direkt zum Hortobágy-Nationalpark, wo er zuletzt nach 25 Tagen am 7. November sendete. Vier Tage später meldete er sich aus Sizilien, um in weiteren vier Tagen am 15. November seinen Überwinterungsplatz am Kelbia-See im Süden Tunesiens zu erreichen.

Afrika

Aus Tunesien sind Überwinterungen von bis zu 12 000 Vögeln bekannt, und in Algerien überwintern ebenfalls zahlreiche Kraniche, unter denen im Dezember 1992 ein finnischer Vogel ermittelt wurde. Über den weiteren Verbleib von etwa 50 000 Kranichen des osteuropäischen Zugweges ist dagegen nichts bekannt. Es kann angenommen werden, daß ein kleiner Teil in Israel überwintert und ein größerer Teil nach dem Überqueren des Mittelmeers – in Zypern gibt es größere Rastplätze – im östlichen Afrika bleibt.
Die Zahlen dieses osteuropäischen Zugweges wurden 1989 auf 30 000 bis 40 000 Kraniche geschätzt, nachdem in der estnischen Rastregion bis zu 30 000 und in der des östlichen Ungarns bis zu 20 000 Kraniche festgestellt wurden. Als Ergebnis der intensiven Untersuchungen in Ungarn kann gegenwärtig von insgesamt 70 000 bis 80 000 Kranichen ausgegangen werden, die den baltisch-ungarischen Zugweg benutzen.

Türkei und Naher Osten

Die Türkei wird von mehreren Zuglinien berührt und durchquert, so an der Küste Kleinasiens vom östlichen Schenkel der baltisch-ungarischen Zugroute sowie von den westlich ziehenden Kontingenten des russisch-pontischen Zugweges. Über die mittlere Türkei verläuft eine zweite Zugroute, die das Schwarze Meer über die Halbinsel Krim passiert. Hier finden sich mehrere bisher kaum untersuchte Rastplätze und Überwinterungsgebiete. Die östliche Türkei wird von Flügen erreicht, die Transkaukasien passieren und dann südwestwärts weiterwandern. Sie führen über die Rastregionen des Wansees, die möglicherweise auch der Überwinterung dienen, nach Syrien, Jordanien, Israel und in den Libanon.
Während in älteren Literaturangaben für das östliche Becken des Mittelmeeres nur über den Zug und die Rast berichtet wurde, rasten und überwintern seit den 1940er Jahren in Israel regelmäßig Kraniche, deren Zahl im letzten Jahrzehnt vor allem im Hula-Tal enorm zugenommen hat und gegenwärtig bei etwa 18 000 Vögeln liegt, deren größter Teil im nördlichen, durch Schutzmaßnahmen vernäßten Hula-Tal einfällt.
Der Nachweis von einigen im Iran mit Flügelmarken und Ringen markierten Kranichen läßt vermuten, daß die in Israel rastenden Kranichpopulationen nicht nur aus nordwestlichen und nördlichen Richtungen, sondern auch aus nordöstlicher Richtung und damit aus dem östlichen Rußland oder gar aus dem westlichen Sibirien kommen können.

Ägypten

In Ägypten ziehen die Flüge auf einer breiten Front südwärts, wobei das Niltal als Leitlinie dient. Die herbstlichen Zugzeiten liegen zwischen Ende September und Dezember, die des Frühjahrs zwischen Anfang März und Anfang April. Die Kraniche überfliegen auch Wüstenregionen, in denen verschiedene Oasen als Raststätten dienen. Während des Frühjahrszuges werden größere Gruppen bis zum 29. Längengrad regelmäßig, kleinere Trupps sogar bis zum 26. Längengrad der Libyschen Wüste gelegentlich gesehen. Diese Zuggruppen überqueren nordwärts das Mittelmeer in Richtung Ägäis und Griechenland, um in den östlichen Schenkel des baltisch-ungarischen Zugweges einzumünden.

Viele offene Fragen

Eine große Anzahl von Kranichen zieht aus den russischen, belarussischen, nordukrainischen sowie den sibirischen und kasachischen Brutgebieten auf mehreren, meist breiten Zugrouten in südliche, südwestliche und südöstliche Richtungen ab. Auch wenn es hierüber eine große

Zahl von Veröffentlichungen gibt, sind zahlreiche Fragen z. B. zu den Zugscheiden-Mischgebieten, zur Anzahl der Kraniche auf den einzelnen Zugwegen sowie zu den zugehörigen Überwinterungsgebieten noch offen.

Nach dem jetzigen Kenntnisstand werden in der osteuropäischen Region ein russisch-pontischer und ein Wolga-iranischer Zugweg unterschieden, die die Kraniche auf verschiedenen Zuglinien in die Winterquartiere führen. Weiter ostwärts folgt eine westsibirisch-kasachisch-indische Route, die die Vögel aus Westsibirien und Zentralkasachstan über Mittelasien nach Pakistan und Indien bringt, wobei die großen Gebirge Zentralasiens westwärts umgangen werden.

Außerdem verläuft ein ostsibirisch-chinesischer Zugweg von Zentralsibirien und Transbaikalien über die Mongolei nach Zentral- und Südostchina, und ein fernöstlich-chinesischer Zugweg führt die fernöstlichen Populationen Rußlands und Chinas durch das nordostchinesische Tiefland zu den Überwinterungsgebieten in Südostchina sowie mit kleineren Anteilen auch nach Korea und bis Vietnam.

Im europäischen und asiatischen Rußland verläuft der Herbstzug zunächst in breiter Front südwärts, um sich dann südlich des Brutareals stärker zu konzentrieren. Aber auch dann werden an den größten Rastplätzen in Kasachstan, in Georgien oder auf der Krim kaum mehr als 3 000 bis 4 000 Kraniche gleichzeitig beobachtet. Danach verteilen sich die Kraniche Rußlands auf eine große Anzahl verfügbarer Rasthabitate, wodurch ein geringerer Konzentrationsgrad mit relativ geringem lokalem Konfliktpotential entsteht. Diese vergleichsweise günstige Situation wird allerdings nicht überall durch geeignete Schutzmaßnahmen gestützt. So mußten beispielsweise in der Minusinsk-Region am Jennisej Ende der 80er Jahre große Bemühungen unternommen werden, um die Jagd an Kranichplätzen und auf die Kraniche selbst zu beenden.

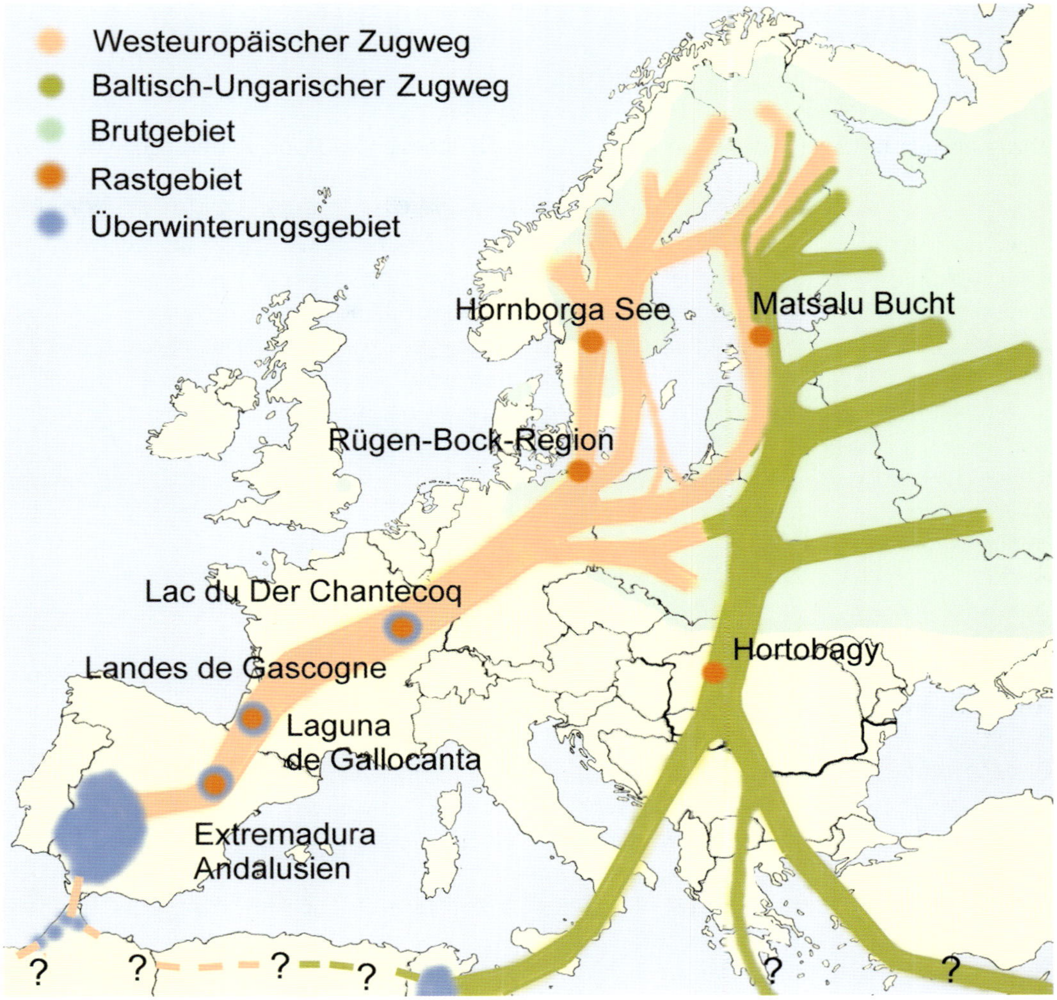

Die meisten europäischen Kraniche ziehen auf zwei Wegen in ihre Überwinterungsgebiete. Die westeuropäische Zuglinie ist gelb, die baltisch-ungarische rot markiert.

DER SONNE ENTGEGEN

Überwinterung in wärmeren Gefilden

Sozusagen „klassische" Überwinterungsgebiete werden seit langer Zeit regelmäßig genutzt und sind während des gesamten Winters ein wichtiger Lebensraum der Kraniche. Wenn sie in stärker beflogene Zuglinien eingeordnet sind, verändert sich die Anzahl der Kraniche vor allem zur Zeit des Zuges. Von Ende Dezember bis Anfang Februar treten dagegen die geringsten Schwankungen auf. Die stabile Besetzung eines Überwinterungsplatzes hängt von einem dauerhaften Nahrungsangebot und von sicheren Schlafstellen ab.

Leben im Winterquartier

Das Zusammensein in Gruppen erleichtert während Rast und Überwinterung die Nahrungssuche. Es minimiert den für das Sichern nötigen Aufwand und erlaubt den weniger erfahrenen Jungvögeln die optimale Ausnutzung der für die Nahrungsaufnahme verfügbaren Zeit. Ein Teil der Familien sondert sich jedoch von den Gruppen ab und zeigt eine deutliche Bindung an ein bestimmtes Territorium, das Jahr für Jahr aufgesucht und gegenüber anderen Kranichen verteidigt wird.
Der Tagesrhythmus entspricht dem der Rastplätze und ist im gesamten Verbreitungsgebiet des Grauen Kranichs nahezu identisch. Die Zeit des morgendlichen Abfluges und des abendlichen Einfalls steht in enger Beziehung zum Sonnenauf- und -untergang. Die kurzen Tage im Dezember und Januar werden voll ausgenutzt, wobei die letzten Flüge bei Vollmond mit klarem Himmel sehr spät einfallen können. Im Februar mit seiner längeren Helligkeit ist der Einflug in der Regel bis zur Abenddämmerung beendet, und der Aufbruch findet auch noch nach Sonnenaufgang statt.

Spanien

In Spanien überwintern drei Viertel der Kraniche im Südwesten des Landes, wo sich allein im Gebiet von Navalvillar de Pela mit seinem intensiven Mais- und Reisanbau im Winter 1997/98 circa 20 000 Kraniche aufhielten. Zu Tausenden versammeln sie sich hier auf Neusaaten und abgeernteten Flächen, um ihren Nahrungsbedarf zu decken.
Auf der Iberischen Halbinsel werden als Hauptnahrungsflächen Getreidefelder, offene Steineichenwälder mit Getreideuntersaat sowie die traditionellen Eichenhaine auf Weideland, die „Dehesas", zu etwa gleichen Anteilen genutzt, darüber hinaus aber auch Reisfelder und andere Kulturen. Die lichten mediterranen Eichenwälder der „Dehesas" sind das Ergebnis einer jahrhundertelangen Landnutzung. Sie erinnern mit ihren durchschnittlich 40 bis 50 Bäumen je Hektar an eine weitläufige Parklandschaft oder – besonders während der Sommermonate – an afrikanische Savannenlandschaften. Die Vögel nehmen hier lediglich etwa 27 Prozent aller anfallenden Eicheln, deren harte Schale sie mit dem Schnabel öffnen können, auf. Der Anteil der Früchte dagegen liegt nach dem Umbruch der Weiden zu Äckern etwa bei 70 Prozent, da auf diesen Flächen keine Konkurrenz mehr durch extensiv gehaltene Schweineherden besteht. Neben den Eicheln zieht Getreide die Kraniche in besonderer Weise an, so daß hier auch Schäden entstehen können. Diese sind am ausgeprägtesten an

Die südspanische Extremadura ist das Hauptüberwinterungsgebiet der westwärts ziehenden Kraniche.

den Zwischenlandeplätzen sowie im direkten Bereich der Steineichen, in deren Schutz sich Familien und kleine Gruppen bevorzugt aufhalten.
In den zurückliegenden vier Jahrzehnten wurden im Rahmen großer Programme der EU die „Dehesas" auf etwa ein Viertel ihrer früheren Fläche reduziert. Die bloße Auflichtung der Steineichenwälder mit zusätzlichem Getreideanbau veränderte das traditionelle Landschaftsbild nicht so einschneidend wie eine totale Rodung zugunsten neuer Intensivkulturen. Entwicklungen zu einer modernen Landwirtschaft, die sich in Mitteleuropa über 150 Jahre hingezogen haben, wurden hier – zum Schaden der Tier- und Pflanzenwelt – sozusagen im Eiltempo nachgeholt.

Nicht nur geliebt

Da auch iberische Bauern und Großgrundbesitzer nicht auf höhere Gewinne zugunsten der Erhaltung herkömmlicher Wirtschaftsformen verzichten wollen, ist der Streit zwischen Landwirtschaft und Naturschutz vorprogrammiert. So ist es auch zu erklären, daß bei einer internationalen Kranichtagung in Orellana la Vieja im Januar 1994 eine medienwirksame Protestkundgebung veranstaltet wurde, die unter dem knappen Motto „Wasser Ja – Kraniche Nein" stand. Dazu ist zu bemerken, daß sich in Spanien die Überwinterungen durch bessere Schutzbedingungen, ein höheres Nahrungsangebot sowie durch die Anlage zahlreicher als Schlafstellen geeigneter Wasserspeicher innerhalb von vier Jahrzehnten verdreifacht haben. Auf der anderen Seite steht außer Frage, daß die Erhaltung der „Dehesas", deren Biotop- und Nahrungsvielfalt einer großen Zahl von Tierarten ideale Lebensbedingungen bietet, eine kulturelle Aufgabe von hohem Rang ist.

Ein altes Kulturerbe

Die Entwicklung einer intensiven Landwirtschaft auf der einen und die Bewahrung traditioneller Landnutzungen auf der anderen Seite ist über den regionalen Rahmen hinaus eine gemeinsame europäische Aufgabe, in der die Brüsseler Administration neue Prioritäten setzen muß.

War in den letzten Jahren noch die Rodung der Eichenwälder der Extremadura zugunsten neuer Ackerflächen mit EU-Mitteln gefördert worden, so muß hier umgedacht werden. Angesichts einer Situation landwirtschaftlicher Überproduktion und Landstillegungen in der Union kann die Lösung der Probleme nur darin bestehen, die extensiv genutzten „Dehesas" durch Subventionen zu erhalten, die an ökologischen und kulturellen Kriterien orientiert sind. Dem Kranich kommt als „Symbolart" in den Auseinandersetzungen zur Erhaltung dieser alten Kulturlandschaft national wie international eine besondere Rolle zu.

Eindrucksvolle Veränderungen

Die Kraniche des westeuropäischen Zuges überwinterten in früheren Jahrzehnten auf der Iberischen Halbinsel und in Nordafrika. Unter günstigen Witterungsbedingungen waren es nur vereinzelte Flüge, die auf dem Zugweg zurückblieben. Seit etwa 20 Jahren aber lassen sich für Mitteleuropa zunehmend echte Überwinterungen nachweisen.

In Mittel- und Westeuropa begannen die ersten Versuche in den milden Jahren 1973 bis 1978. Es ist schon ein eindrucksvoller Wandel, daß gegenwärtig über 20 000 Kraniche in Frankreich die kalte Jahreszeit verbringen. Hierzu dürften allerdings neben Änderungen von Landnutzung und Witterung die verbesserten Schutzbedingungen an den Rastplätzen wesentlich beigetragen haben. Der Abzug der letzten größeren Flüge findet in Nord-, Mittel- und Osteuropa zwei bis drei Wochen später als in früheren Jahren statt, was aus milderen Wetterbedingungen resultiert.

Überwinterungen in Mitteleuropa stehen in einem engen Zusammenhang zur „Kältesumme" der Monate Dezember bis Februar, ein Wert, in dem alle Tagesmitteltemperaturen unter dem Gefrierpunkt zusammengefaßt werden. Im milden Winter 1982/83 zogen bei einer Kältesumme von nur minus 58,4° Celsius viele Kraniche nicht ab. In Deutschland waren es damals knapp 1200 und in Frankreich etwa 3 500 Tiere, die zusammen etwa zehn Prozent der westwärts ziehenden Populationen ausmachten. Die hohen Jungenanteile unter diesen Vögeln lassen annehmen, daß Familien aus Mitteleuropa am ehesten unterwegs zurückbleiben, insbesondere da sie in der Regel als letzte die heimischen Rastplätze verlassen. In Ungarn wurden 1982/83 etwa 3 000 überwinternde Kraniche festgestellt, wobei die Flüge sogar Kältegrade von bis zu minus 15° Celsius überstanden. Allerdings kommt es bei Kälteeinbrüchen zur Verringerung der Zahlen und zum Ausweichen von Kranichtrupps in wärmere Regionen.

Vergleichsweise günstig

Zu Beginn der 1990er Jahre waren 59 Kranichplätze in Spanien und zwei in Portugal bekannt. Demgegenüber wurde 1960 noch von rund 150 Überwinterungsstätten in Spanien berichtet, auf die sich eine damals viel geringere Zugpopulation verteilte. Es wurden daher nur selten Kranichkonzentrationen von mehr als tausend Vögeln erreicht. Am 26. und 27. Februar 1988 überwinterten dagegen an sechs Plätzen schon mehr als 1000 sowie an zwei Plätzen mehr als 3 000 Kraniche. Dabei wiesen zu Beginn der 90er Jahre nur neun der 63 Plätze einen ausreichenden und staatlich legitimierten Schutz auf. Auch wenn einige Plätze zu speziellen Schutzzonen für Vögel erklärt wurden, kann trotz positiver Entwicklungen in den letzten Jahren die momentane Schutzsituation noch nicht befriedigen. Die Verteilung auf unterschiedliche Habitattypen beträgt bei Stauseen und Lagunen in Fluß- oder Meeresnähe 19, bei vernäßtem bzw. überstautem Weideland zehn und für flache Flußbereiche fünf Schlafplätze. Für die verbleibenden Regionen liegen keine näheren Angaben vor. Zahlreiche spanische Überwinterungsplätze weisen nur ein Schlafgewässer auf, und regelmäßige Flüge zu anderen Überwinterungsregionen sind sowohl die Folge eines erschöpften Nahrungsangebots als auch von Beeinträchtigungen, vor allem durch die Jagd. Insgesamt hat aber an den meisten Überwinterungsplätzen die Zahl der Kraniche zugenommen, wobei Orte mit einem reichlichen Nahrungsangebot die stärksten Zuwachsraten aufweisen. Insgesamt läßt sich sagen, daß die Situation der überwinternden Kraniche auf der Iberischen Halbinsel durch vielfältige Schutzmaßnahmen zur Zeit vergleichsweise günstig ist. Daraus resultieren hohe Heimkehrquoten, die eine Voraussetzung für die wachsenden Populationen in Mittel-, Nord- und Nordosteuropa sind.

Von den auf der westlichen Route ziehenden 90 000 bis 100 000 Kranichen überwintern zur Zeit etwa 65 000 bis 75 000 Kraniche in Spanien, 20 000 in Frankreich sowie jeweils wenige tausend Vögel in Portugal und Nordwest-Afrika. Noch 1970 wurde Marokko als die wesentliche Überwinterungsregion des Grauen Kranichs angegeben, während 1994 lediglich 2 000 bis 3 000 Kraniche den Winter dort verbrachten.

Tunesien und Algerien

Die Winterplätze in Tunesien und Algerien werden vom westlichen Schenkel, dem „Mittelmeerzugweg", der baltisch-ungarischen Zugroute gespeist. Wie zu Beginn der 1980er Jahre wird auch gegenwärtig mit 10 000 bis 12 000 überwinternden Kranichen in Tunesien gerechnet, wobei die geeigneten Feuchtgebiete der Küstenregionen und des Landesinneren, wie zum Beispiel der Kelbia-See, als Schlafstellen genutzt werden.

In Algerien werden regelmäßig größere Flüge beobachtet, die mindestens im östlichen Teil des Landes über Tunesien gekommen sein

In kleinen Gruppen suchen die Vögel in den lichten Stein- und Korkeichenwäldern der weitläufigen „Dehesas“ nach Nahrung, die hier vor allem aus Eicheln besteht.

dürften. In vier Rastregionen wurden in den zurückliegenden Jahrzehnten bis zu 3 000 Vögel festgestellt, zu denen sicherlich eine größere Dunkelziffer kommt. Die aktuelle Situation kann ebensowenig beurteilt werden wie die Frage, ob zwischen Algerien auf der einen und Marokko auf der anderen Seite eine Zugscheide besteht, in der während des Winters von der einen auf die andere Zugroute gewechselt wird.

Naher Osten

Während in der älteren Literatur für Palästina nur Zug und Rast des Grauen Kranichs beschrieben wird, gibt es seit den 1940er Jahren auch eine regelmäßige Überwinterung, die im letzten Jahrzehnt mit der Durchsetzung eines vollständigen Schutzes und dem Hinzukommen ergiebiger Nahrungsquellen (Erdnüsse, Weizen und andere Getreidearten, Mais, Kartoffeln und verschiedene Gemüsearten) enorm zugenommen hat. Während 1984/85 in vier Rastregionen mindestens 2 300 Kraniche überwinterten und über 15 000 Vögel durchzogen, waren es in der Mitte der 90er Jahre etwa 18 000 überwinternde Vögel bei nur noch 5 000 bis 10 000 Durchzüglern.

Unter den Rastregionen dominiert das im Nordosten Israels gelegene Hula-Tal mit 13 000 Kranichen im Winter 1995/96 und 20 000 im Winter 1998/99 gegenüber den anderen Regionen wie dem Heffer-Tal (1 500), der westlichen Negev (1 200) und dem Yizrael-Tal (100) bei weitem. Die besondere Bedeutung des Tales ergibt sich aus der Ausdehnung des intensiven Erdnußanbaus auf momentan etwa zehn Quadratkilometer, dessen Früchte hier sogar dem für Kraniche sonst so attraktiven Mais vorgezogen werden.

Ostafrika

In Ägypten sind Kraniche seit langem als Beute-, Opfer- und als Haustiere bekannt. Das Land wird in breiter Front von den Kranichen durchzogen, die an zahlreichen geeigneten Stellen rasten, ohne jedoch größere Rastplätze zu bilden. Überwinterungen sind selten, auch neuere Untersuchungen weisen weniger als 100 Vögel nach.

Das große ostafrikanische Überwinterungsgebiet liegt am Weißen und Blauen Nil im Sudan, wo einige tausend Graue Kraniche – teilweise gemeinsam mit Jungfern- und Kronenkranichen – auf den Sandbänken der Flüsse ihre Schlafstellen haben. Kraniche sind auch weiter westlich und südwärts bis zum neunten Breitengrad regelmäßig anzutreffen, wobei der Norden Ugandas und Kenias in Äquatornähe nur noch vereinzelt erreicht wird. Ostwärts erstreckt sich ein zusammenhängendes Überwinterungsgebiet nach Äthiopien, dessen aktuelle Zahlen nicht bekannt sind. Unsicher ist auch die Herkunft dieser Tiere, die einerseits das Niltal und andererseits sehr wahrscheinlich die Küste der arabischen Halbinsel als Leitlinien nutzen. Die in Ostafrika überwinternden Kraniche dürften dem östlichen Schenkel des baltisch-ungarischen Zugweges sowie den zentralrussischen Populationen entstammen, die über die Zuglinien des russisch-pontischen Zugweges, vielleicht aber auch aus Westsibirien über den Kaukasus zuwandern. In diese Zugwege sind die Türkei mit zahlreichen Überwinterungsplätzen sowie Syrien und Jordanien mit der Überwinterung kleinerer Kranichgruppen in einigen Oasen eingeordnet.

Mittlerer Osten

Während über Zug und Überwinterung in Afghanistan und im Irak keine Daten vorliegen, sind im Iran die Rast- und Überwinterungsplätze weitgehend bekannt und gut geschützt. Sie befinden sich zwischen dem 30. und 38. Breitengrad und können in milden Jahren nordwärts bis zum Südufer des Kaspischen Meeres reichen. In der Regel rasten die Kraniche im Norden des Landes an zahlreichen Plätzen, während sie vorzugsweise in den südwestlichen Landesteilen im weiteren Umkreis des Persischen Golfs überwintern.

Der Graue Kranich ist im Iran gesetzlich geschützt, und etwa drei Viertel aller Überwinterungsplätze haben den Status von Wildlife Refuges oder Protected Areas. Mit dem verbesserten Schutz der Art hat die Anzahl überwinternder Kraniche von etwa 7 000 Vögeln in den Jahren 1985/86 und 1992/93 auf über 12 000 Tiere im Winter 1995/96 zugenommen. Die Kraniche dürften aus dem westlichen Sibirien und dem zentralen europäischen Rußland kommen.

Von der iranischen Golfküste wechseln kleinere Trupps zur arabischen Halbinsel über, um in den Vereinigten Arabischen Emiraten zu überwintern. Der Nachweis eines im Iran markierten Kranichs in Israel läßt neben den südwärts verlaufenden Zugbewegungen auch auf westwärts gerichtete Verdriftungen bzw. Zugveränderungen schließen.

Indischer Subkontinent

In Indien sollen bis zu 80 000 Graue Kraniche überwintern, die in den meisten Regionen gut geschützt sind. Die größte Zahl kommt im Nordwesten des Landes und vor allem im Kutch-Distrikt des Staates Gujarat vor. Kleinere Flüge folgen den Jungfernkranichen südlich bis zum 15. Breitengrad. Aber auch in den nordöstlichen Landesteilen können Kraniche überwintern, z. B. etwa 6 800 Vögel im Jahr 1983 bei Kalkutta.

Über die Überwinterungsgebiete Pakistans, die vor allem im unteren Industal zu finden sind, ist wenig bekannt. Die Zugwege dieser Populationen kommen aus nordwestlicher Richtung über die Täler des Kurram und Indus, nachdem sie die Gebirgsketten des Tien Chan, Pamir und Karakorum westlich umflogen haben. Im Frühjahr ziehen etwa 50 000 Vögel vom Indus- und Kurram-Tal nach Nordost-Afghanistan, wo beispielsweise 1966 in der zweiten Märzhälfte bei Kabul ein auffälliges Zuggeschehen festgestellt wurde. Auf diesem Zugweg herrscht ein starker Jagddruck mit Schußwaffen und Fangschnüren, wobei auch gefangene Kraniche als Lockvögel benutzt werden. Je Saison sollen bis zu 1 000 Vögel erbeutet werden, die teils dem Verzehr und teils dem Lebendverkauf dienen. Die Kraniche werden in den Ortschaften des Pathan-Stammes sogar domestiziert gehalten. Wie sich die Entnahme der lebenden Vögel und der mit Schußwaffen erbeuteten Kraniche auf die Population auswirkt, kann zur Zeit aufgrund fehlender Informationen nicht genau beurteilt werden.

Ferner Osten

In China befindet sich ein großes Überwinterungsgebiet am Unterlauf des Jangtse-Flusses. In einigen gut geschützten Reservaten überwintern hier bis zu 20 000 Graue Kraniche gemeinsam mit anderen Kranicharten. In sämtlichen südlichen Provinzen Chinas kommen Kraniche vor, ohne daß es eine Schätzung der Gesamtzahl der überwinternden Vögel gibt. Überwinterungen von einigen tausend Kranichen finden aber auch weiter nordwärts an den Ufern des Huangho und in dessen Mündungsgebieten statt. Im gemäßigten Klima zwischen dem 35. und 37. Breitengrad liegen zahlreiche Raststätten des Herbstzuges, über die es allerdings keine näheren Angaben gibt. Die Gesamtzahl der in China überwinternden Grauen Kraniche wird mit etwa 30 000 Vögeln angegeben, zu denen wahrscheinlich eine größere Dunkelziffer dazukommt.

Kleine Flüge werden außerdem im Norden Vietnams, in beiden koreanischen Staaten sowie unregelmäßig auch in Laos und Burma beobachtet. Über Korea hinwegfliegend wechseln einige wenige Vögel zur japanischen Insel Kuishu über, auf der Tausende von Mönchs- und Weißnackenkranichen an zugefütterten Plätzen bei Izumi überwintern, die für die japanische Öffentlichkeit ein besonderes Naturschauspiel darstellen.

In milden Wintern versuchen einige Kraniche, in ihren Brutgebieten zu bleiben. Dies gelingt nur, wenn die Bedingungen nicht zu extrem sind.

SCHÄTZE SCHÜTZEN

Von Freunden und (auch) von Feinden

Ausgiebige Gefiederpflege am Morgen.

Weiterführende Erkenntnisse zur Biologie des Kranichs können nur mit Hilfe moderner Untersuchungstechniken gewonnen werden. Die Bestandserfassung der Brutpaare und die Ermittlung der Nachwuchsrate der Tiere erfolgen dagegen mit einer seit Jahrzehnten gängigen Methodik, die sich aber selbstverständlich auch technischer Neuerungen bedient.

Seit langem bewährt

Allein mit sorgfältig dokumentierten Beobachtungen können die notwendigen Daten erarbeitet werden. Dabei suchen jährlich im Kranichschutz tätige Mitarbeiter die bekannten Brutplätze auf und kontrollieren die Anwesenheit der Paare, den Wasserstand und mögliche Gefahren für die Brut. Gleichzeitig suchen sie nach eventuellen Neuansiedlungen, aber auch nach den Ursachen für verlassene Brutplätze. Ebenso wird in den Rast- und Überwinterungsgebieten die Anzahl der Vögel durch regelmäßiges Zählen – vor allem am Schlafplatz – während des abendlichen Einfluges oder des morgendlichen Abfluges bestimmt.
Das Verhalten kann mit Hilfe verschiedener standardisierter Methoden beschrieben werden. Bei einer „Einzeltierbeobachtung" – wie auch bei einer ganzen Gruppe von Vögeln – protokolliert man in regelmäßigen Zeitabständen, z. B. alle fünf Sekunden, die gezeigten Handlungen. Als Ergebnis kann ein „Zeitbudget" erstellt werden, d. h. man erhält Einblick in den Tagesablauf eines Paares während des Brütens oder einer Rastgemeinschaft auf einer Nahrungsfläche.

Die Methode der Wahl

Detailfragen zur jährlichen Überlebensrate, zur Familienstruktur, zur Geburtsorttreue oder zum Lebensalter können durch Farbmarkierung einzelner Individuen beantwortet werden. Auch neuere Erkenntnisse zum Kranichzug konnten nur durch möglichst zahlreiche Farbberingungen gewonnen werden. Der Weg bis zum Anbringen der Ringe aber ist mühsam, aufwendig und lang. Zuerst einmal müssen die Vögel gefangen werden – und dazu bedarf es bei besonders geschützten Tieren einer behördlichen Sondergenehmigung. Außerdem muß eine allgemeine Beringungserlaubnis nachgewiesen werden, die die einzelnen Mitarbeiter im Rahmen einer Ausbildung an einer Beringungszentrale erwerben können.

Von ungewollter Dramatik

Für die Beantwortung vieler Fragestellungen sind Kenntnisse über das Alter und die Herkunft der markierten Tiere notwendig; es sind vor allem Jungtiere, die Markierungen erhalten. Ganz selten und mit viel Glück werden auch mausernde Altvögel eingefangen, die während der Erneuerung der Schwungfedern für fünf bis sechs Wochen flugunfähig sind.
Ab der ersten Junihälfte werden in Deutschland, Schweden und Finnland junge, noch nicht flugfähige Kraniche im Alter von fünf bis neun Wochen eingefangen, ein jedesmal von neuem spannender Vorgang. Unbemerkt pirscht sich das vier- bis sechsköpfige Beringerteam so nah wie möglich an eine Kranichfamilie heran, um im geeigneten Moment aus der Deckung zu treten. Die Altvögel fliegen dann auf, während sich die Jungvögel auf den Untergrund drücken. Versuchen sie aber statt dessen zur nächsten Deckung zu laufen, werden sie von zwei oder drei Personen verfolgt.
Falls dabei der Abstand rasch verkleinert werden kann, ducken sich die Jungkraniche häufig dicht an den Boden und vertrauen auf die Tarnfärbung ihres braungrauen Gefieders. Das Auffinden dieser Vögel wird durch zwei Mitglieder des Teams ermöglicht, die das Geschehen mit dem Fernglas verfolgen und über Sprechfunk Richtungshinweise geben.
Während des Beringens selbst wird den Vögeln zur Beruhigung ein schwarzer Baumwollbeutel über den Kopf gestreift. Die in warmem Wasser gelagerten und dadurch elastischen Kunststoffringe werden mit einer Spezialzange über dem Sprunggelenk (Intertarsalgelenk) befestigt. Nach Feststellung einiger Daten – wie zum Beispiel ihres Gewichtes – werden die Tiere sofort freigelassen, und die Beringer verlassen umgehend das Kranichrevier.
Die Altvögel bleiben während der gesamten Aktion in der Nähe, meist in Sichtweite, und nach kürzester Zeit ist die Familie in ihrem vertrauten Revier wiedervereint.
Andere Fangmethoden, wie die Verwendung von „Kanonennetzen", die über die Kraniche geschossen werden, oder das Auslegen von narkotisierendem Futter, werden wegen möglicher Verletzungen oder Überdosierungen in Deutschland nicht angewendet.

Ring für Ring

Ab Mitte der 1980er Jahre wurde in Europa mit roten Kunststoffringen, die eine weiße Buchstaben-Zahlen-Kombination enthielten, beringt. Seit 1990 erhalten die gefangenen Jungkraniche am rechten Bein eine Dreifarbenkombination und am linken einen Landeskennring. Neben diesen Kunststoffringen können die Vögel mit den Metallringen der zuständigen Vogelwarte markiert sein.
Im Rahmen eines internationalen Projektes der European Crane Working Group erhalten die Kraniche Landesringe mit den folgenden Farben: Schweden = rot, Norwegen = orange, Rußland = weiß, Polen = grün, Finnland = gelb (seit 1995 gelb-rot-gelb und gelb-schwarz-gelb), Estland, Lettland, Litauen = weiß-schwarz-weiß, Deutschland = hellblau und seit 1997 blau-weiß-blau. In Finnland, Schweden und Deutschland wurden bereits jeweils über 100 Vögel beringt.
Die Individualkennzeichnung besteht aus drei verschiedenfarbigen, etwa zwei Zentimeter langen Kunststoffringen (Farben: weiß, schwarz, rot, olivgrün, hellblau und gelb).
Kraniche, die im Überwinterungsgebiet beringt werden, erhalten nur die Dreifarbkombination

und keinen Landesring, da der Geburtsort nicht bekannt ist.
Die Farbringe sind bei gutem Licht und mit einer guten optischen Ausrüstung auf bis zu 400 Meter Entfernung zu erkennen, so daß ohne Störung anhand der Ringe viele Informationen zum Leben eines Einzelvogels gesammelt werden können. Die abgelesenen Farbkombinationen sollen vom Beobachter dem Kranich-Informationszentrum Groß Mohrdorf oder einer Vogelwarte gemeldet werden.

Funkkontakte

Ergänzend zur Beringung können die Vögel mit einem kleinen Sender ausgestattet werden, wobei jeder Kranich seine eigene Frequenz erhält. Mit dessen Hilfe ist es möglich, die Tiere vergleichsweise einfach zu finden. Man kann die Signale über eine Entfernung von drei bis sieben Kilometern vom Boden aus empfangen. Mit dem Flugzeug sind sogar Peilleistungen von 50 Kilometern möglich. Durch diese Technik wird eine weitreichende Unabhängigkeit vom eher zufälligen Ablesen beringter Vögel erreicht, und bestimmte Fragestellungen können in relativ kurzer Zeit geklärt werden.
Die Projektgruppe in Deutschland verwendet zwei im Gewicht unterschiedliche Sender der englischen Firma BIOTRACK. Der kleinere, etwa 30 Gramm leichte Sender wird auf den Landesring geklebt; er hat eine Funkdauer von bis zu zwei Jahren. Der 60-Gramm-Sender wird mit einem Gummiband als Rucksack auf dem Rücken von Jungvögeln befestigt, die über 3 500 Gramm schwer sind. Diese Sender sind bis zu vier Jahre aktiv.
Eine Beeinträchtigung der Tiere wurde bisher nicht beobachtet. Die Kraniche pflegen die Antenne sogar wie eine Feder, indem sie diese durch den Schnabel ziehen und in das Gefieder einputzen.
In den Jahren 1995 bis 1998 wurden mit dem „Radio tracking", d.h. durch Anpeilen besenderter Kraniche, erstmals die Reviergrößen jungeführender Kranichpaare in der Kulturlandschaft ermittelt. Außerdem konnten eine Vielzahl weiterer Erkenntnisse, z. B. zum Verhalten von Nichtbrütern oder überwinternden Vögeln, gewonnen werden. Solches Wissen ist angesichts der Konfliktsituationen, die Kraniche durch ihre Lebensweise und ihre Habitatsansprüche immer wieder auslösen, vor allem bei der Landschaftsplanung von ganz besonderer Bedeutung.

Brisante Situationen

Es ist ein warmer Frühlingstag in der Rügen-Bock-Region, dem wichtigsten Rastplatz für Kraniche in Zentraleuropa. Dieser Raum ist durch intensive Landwirtschaft mit riesigen, teilweise über 100 Hektar großen Schlägen, geprägt. Das im Herbst gut gewachsene Wintergetreide leuchtet tiefgrün, die ausgedehnten Rapsfelder erscheinen ein wenig bräunlich. Für Sommergetreide, hier wird in den letzten Jahren überwiegend Sommergerste angebaut, sind nur wenige Flächen eingeplant. Noch suchen die ersten Kraniche, die Boten des Frühlings, auf Weiden und den wenigen verbliebenen Stoppelfeldern des Herbstes ihre Nahrung. Doch sobald das erste Feld mit Sommergerste bestellt ist, konzentrieren sich alle Kraniche der Region auf dieser Fläche, um die frisch ausgesäten Körner aufzunehmen. Für die aus ganz Deutschland angereisten Kranichfreunde und Ornithologen ist ein solch faszinierender Anblick eine große Freude. Das Rufen und das Trompeten von über 2000 Vögeln erfüllt die Luft. Mit ganz anderen Augen und Gedanken verfolgen die hiesigen Landwirte dieses Treiben. Sie sind besorgt um ihre Ernte, da die Kraniche nicht nur die auf dem Boden liegenden Körner aufnehmen. Wenn diese aufgelesen sind, wühlen sie mit ihrem Schnabel auch Teile des Saatgutes aus den Drillspuren hervor. Immer wieder kommt es dadurch zu Ertragsausfällen. Aufgebrachte Landwirte versuchen daher mit den verschiedensten Mitteln, die Rastvögel zu verscheuchen und zu vergrämen.
Ähnliche Szenarien spielen sich überall in Europa entlang der Zugwege ab. Um Schäden zu vermeiden, werden die Vögel von den Landwirten mit Feuerwerkskörpern, Schreckschußpistolen, Hunden, Fahrzeugen und anderen Hilfsmitteln vertrieben. Bei der Flucht verbrauchen die Kraniche zusätzlich Energie, die ersetzt werden muß. Durch das gezielte Vergrämen von bestimmten Flächen kann es andernorts zu noch größeren Konzentrationen und damit zu entsprechenden Ertragsausfällen für einige Landwirte kommen. Das Aufstellen von Vogelscheuchen oder von beweglichen Fuchsattrappen hat sich nicht bewährt. Innerhalb weniger Stunden gewöhnen sich die lernfähigen Kraniche an die neue Situation und fressen ungerührt direkt neben diesen meist wirkungslosen Gebilden.
Bei der Beurteilung der Situation helfen eine Reihe von Studien. Beispielsweise wurde an der Laguna de Gallocanta festgestellt, daß im Durchschnitt weniger als ein Prozent des eingesäten Korns von den Vögeln entnommen wird. Größere Schäden traten vor allem dann auf, wenn abgelegene kleine Flächen sehr früh bestellt wurden. Einen von Kranichschäden härter betroffenen Landwirt tröstet es natürlich nicht, daß die Gesamtverluste in einem Rastgebiet vergleichsweise gering ausfallen oder daß ungünstige Wetterbedingungen häufig viel größere Schäden hervorrufen. Vor allem in Mecklenburg-Vorpommern wurden bisher Ertragsausfälle von den zuständigen Behörden entschädigt. Allein im Jahr 1994 hat das Ministerium für Landwirtschaft und Naturschutz nach der *Richtlinie zur Bearbeitung von Anträgen zur Ertragsausfallminderung bei Schäden durch besonders geschützte Tiere vom 13. Dezember 1991* circa 1,275 Millionen DM erstattet. Darin waren über 300 000 DM als Ausgleich für Kranich-Schäden enthalten. Trotzdem dürften angesichts immer knapper werdender Haushalte diese Ausgleichszahlungen in Zukunft ausbleiben. Schäden müssen daher durch Präventivmaßnahmen vermieden werden.

Ablenkungsmanöver

Die ersten Versuche mit sogenannten „Ablenkfütterungen" sind in der Rügen-Bock-Region im Herbst 1992 und im Frühjahr 1993 gemeinsam mit örtlichen Landwirten von der *Arbeitsgemeinschaft Kranichschutz Deutschland* und mit Unterstützung des zuständigen Umweltministeriums durchgeführt worden. Ausgewählt wurden die Flächen, die die Rastvögel seit Jahren bevorzugt nutzen. Das dort ausgestreute Getreide nahmen die Kraniche sehr gut an. Im Frühjahr 1993 suchten sie sogar fast ausschließlich diese Plätze auf. Dadurch konnten größere Schäden an Neusaaten im Gebiet vermieden werden, und gleichzeitig werden die Vögel weniger gestört.

Seither fanden Versuche mit verschiedenen Varianten von Ablenkfütterungen statt. Der im Rahmen eines Vertragsnaturschutzes unternommene extensive Anbau von Mais zusammen mit Lupinen auf Stillegungsflächen scheiterte. Dagegen erwies sich der Ankauf von Mais aus laufender Produktion, der gehäckselt liegen blieb, als erfolgreich. Aufgrund der größeren Flexibilität während der Rastzeit und wegen der geringsten Kosten wird aber überwiegend eine Fütterung mit Maiskörnern vorgenommen.

Schützen als Verpflichtung

Die deutschen Landwirte könnten an den großen Rastplätzen angesichts der Förderungen die Vögel tolerieren und so ihren landeskulturellen Beitrag zu einem wirksamen Kranichschutz zu leisten.

Das Erhöhen der Saatgutmenge um etwa 20 Kilo pro Hektar, das früher in der Rügen-Bock-Region praktiziert wurde, findet heute keine Verwendung mehr. Bewährt hat sich aber ein früher Aussaattermin im Herbst, so daß das Korn zur Rastzeit bereits aufgelaufen ist und damit als Kranichnahrung ausscheidet. Kleinere Schäden sollten von der Landwirtschaft generell gebilligt werden, besonders auch, da sie für große Betriebe ohne wirtschaftliche Bedeutung sind.

Um den Kranichen das Überleben zu sichern, sind nach wie vor kontinuierliche Schutzmaßnahmen nötig, deren Grundlagen geeignete Gesetze und vor allem deren wirksame Umsetzung sind. Der Kranich ist in ganz Europa und in den Nachfolgestaaten der Sowjetunion, in China, Indien und dem Iran geschützt. In zahlreichen Ländern, besonders des osteuropäischen und der asiatischen Zugwege, ist aber ein strengerer Schutz erforderlich. Dazu gehört zum Beispiel, daß im Umfeld der Kranich-Lebensräume forst- und landwirtschaftliche sowie jagdliche Aktivitäten eingeschränkt bzw. unterlassen werden.

Die notwendigen Schutzmaßnahmen werden zur Zeit am intensivsten in den wohlhabenden Regionen Nord-, Mittel- und Westeuropas, zunehmend aber auch in Osteuropa, durchgesetzt. Besonders effektiv ist der Kranichschutz in den Ländern des westeuropäischen Zugweges organisiert, da es hier eindeutige gesetzliche Bestimmungen gibt und viele wichtige Habitate unter Schutz gestellt sind. Allerdings können vom Bau größerer Windparkanlagen, von Hochspannungsleitungen und vom Schienen- und Straßenverkehr Gefahren für den Kranich ausgehen.

Es ist die Aufgabe der einzelnen nationalen Arbeitsgruppen, die in vielen Ländern tätig sind und die die jeweilige Situation erforschen, Schutzstrategien zu entwickeln und diese gemeinsam mit den Behörden und Landbesitzern durchzusetzen. Dazu gehört auch eine intensive Öffentlichkeitsarbeit.

Naturschutz ohne Grenzen

Die *International Crane Foundation* (ICF), 1973 von Ron Sauey und George Archibald auf einer ehemaligen Pferdefarm in Baraboo im Staat Wisconsin der USA gegründet, hat sich weitgesteckte Ziele gesetzt. Dazu gehören die Forschung an Kranichen und der Feuchtgebiets-

Im Dienste der Wissenschaft und des Schutzes: Gleich ist die kurze Gefangenschaft zum Anbringen des Senders und der Farbringe vorbei.

Auf dem Weg zurück in die Freiheit: Sender und Markierung dieses Jungvogels werden in den kommenden Jahren wichtige Informationen liefern.

schutz, die Vermehrung und Wiedereinbürgerung seltener Arten, insbesondere des Schrei- und des Schneekranichs, die Sensibilisierung von Menschen sowie die Erkundung der Vorkommen und der Schutz der Lebensräume aller bedrohten Kranicharten der Erde.
Daher wurden Forschungsarbeiten in den USA, Kanada, Japan, Südkorea, Iran und Australien, in Indien, Afghanistan, Pakistan, der ehemaligen Sowjetunion und vielen anderen Staaten durchgeführt. Auf dem fast 100 Hektar großen Gelände der ICF selbst gelang die Einrichtung eines Kranichparks, einer großen Zuchtstation mit 65 Hütten und Gehegen, einer Bibliothek und eines Gästehauses. Hier werden spezielle Untersuchungen zum Brutverhalten bis hin zu gentechnischen Analysen vorgenommen. Vor allem aber ist es ein besonderes Anliegen, die Zehntausende von Besuchern mit den Kranichen und deren Leben in der amerikanischen Prärie bekannt zu machen. Gegenwärtig hält die ICF etwa 140 Vögel aller 15 Kranicharten in Baraboo als eine Art „Kranich-Genbank".
Dieses internationale Kranichzentrum beschäftigt in den drei Hauptabteilungen Fortbildung, Fortpflanzung und Management der Lebensstätten 18 Angestellte und jährlich 50 bis 70 ehrenamtliche Mitarbeiter. Die finanzielle Grundlage bilden verschiedene Fonds und 6 500 eingetragene Mitglieder. Zu deren Information erscheint viermal jährlich das *ICF-Bugle,* in dem alle Kranicharten der Welt und ihre Lebensräume, die Menschen der jeweiligen Regionen sowie aktuelle Schutz- und Forschungsprojekte vorgestellt werden. Der ICF ist es gelungen, eine Vielzahl von Kranich-Arbeitsgruppen anzuregen und bei Tagungen und Fortbildungsveranstaltungen Menschen unterschiedlichster Herkunft zusammenzuführen.
Die *European Crane Working Group* koordiniert das Wirken von Kranichschützern in den Ländern Europas. Nationale Arbeitsgruppen zum Schutz der Kraniche sind im zurückliegenden Jahrzehnt in Finnland, Schweden und Deutschland, in Frankreich, Portugal und Spanien entstanden.

Schweden und Finnland

Die schwedische Kranich-Arbeitsgruppe unter der Leitung von Per Olof Swanberg, Göran Lundin und Clas Hermansson ist eine Vereinigung innerhalb der schwedischen Ornithologischen Gesellschaft. Sie hat sich den Schutz des Kranichs, Forschung und Öffentlichkeitsarbeit zur Aufgabe gemacht. Am Hornborgasee – wo jedes Jahr im April Tausende Kraniche rasten und auf den Einzug des Frühlings in Nordschweden warten – arbeitet sie eng mit dem staatlichen Amt für Umweltschutz zusammen, das hier das Beobachtungszentrum *Naturum Trandansen* betreibt.
In Finnland wird ein aktiver Kranichschutz von der Arbeitsgruppe um Juhani Rinne und Arto Miikkulainen organisiert.

Frankreich

Die Mitglieder der französischen Arbeitsgruppen *(Groupe Grues France)* koordinieren unter der Leitung von Alain Salvi, Christian Riols, Pierre Petit und Gaston Moreau verschiedene Schutz- und Forschungsprojekte, die eingebettet sind in die Arbeit der *Ligue pour la Protection des Oiseaux,* des *Conservatoire des Sites Lorrains* und der *Groupe Ornithologique Normand.* Dabei wird viel Aufmerksamkeit für die seit 1985 neu in Frankreich brütenden Paare und die steigende Zahl überwinternder Kraniche aufgebracht.

Spanien und Portugal

Eine spanische Arbeitsgruppe unter Leitung der Brüder Javier und Juan Carlos Alonso ist im Rahmen der Kranichzählung eng mit der spanischen Naturschutzbehörde ICONA *(Instituto para la Conservación de la Naturaleza)* und der SEO *(Sociedad Espanola de Ornitologia)* verbunden. Für Mitarbeiter der CSIC *(Museo Nacional de Ciencias Naturales – Consejo Superior de Inve-*

Von Energieleitungen gehen Gefahren, vor allem für unerfahrene Jungvögel, aus.

stigaciones Cientificas) und der Madrider Universität stehen wissenschaftliche Projekte, z. B. zur Nahrungsflächenwahl in Abhängigkeit vom Angebot und der Feldgröße, im Vordergrund. Sie verwalten auch die Zentraldatenbank der Kranich-Farbberingung in Europa. Dagegen führt die Naturschutzorganisation ADENEX *(Asociación para la Defensa de la Naturaleza y los Recursos de Extremadura)* in der spanischen Provinz Extremadura seit 1998 auch in Kooperation mit EURONATUR und der Arbeitsgemeinschaft Kranichschutz Deutschland überwiegend Schutzprojekte durch. Sie bewirtschaften ein eigenes Netz erworbener oder gepachteter Schutzgebiete mit einer Fläche von etwa 18 000 Hektar und erhalten damit viele traditionelle Überwinterungshabitate der „Dehesas". Zahlreiche ihrer Projekte beinhalten auch die Umwelterziehung und den Naturtourismus. In Portugal untersuchen Julia Almeida und weitere Mitarbeiter des *Instituto da Conservação da Natureza* die Ernährungsgewohnheiten und die zugehörige Raumnutzung der Kraniche in ihrem portugiesischen Überwinterungsgebiet. Beringungsaktionen, wie sie 1989 bis 1992 in Spanien erfolgreich durchgeführt wurden, schlugen hier bisher fehl.

Osteuropäische Staaten

In der ehemaligen Sowjetunion betrieb eine große Gruppe von Wissenschaftlern, die eine Vielzahl von Publikationen veröffentlichten, Kranichforschung. Heute gibt es Arbeitsgruppen in den baltischen Staaten, in Weißrußland, in der Ukraine und in Rußland.

Eine intensive Arbeit am Kranich leistet in Ungarn der Nationalpark Hortobágy.

Deutschland

In beiden deutschen Staaten wurde seit Anfang der 1970er Jahre ein gezielter Kranichschutz betrieben. In der Bundesrepublik führten sowohl der *Bund für Vogelschutz* (heute *Naturschutzbund Deutschland* – NABU e.V.) als auch die *Umweltstiftung WWF-Deutschland* jeweils eigene Kranichschutz-Projekte durch, der NABU in Niedersachsen und Hamburg, der WWF in Schleswig-Holstein und in Teilen Niedersachsens; besonders verdiente Mitarbeiter sind Thomas Neumann, Carl-Albrecht von Treuenfels, Eckhard Bühring und Eckhard Seebaß. Ihrer aller Bemühungen galten den knapp 20 brütenden Kranichpaaren, die nach und nach auf einen Bestand von heute etwa 250 angehoben werden konnten. Beide Organisationen wurden schon zuvor von der Lufthansa, die den Kranich als Wappenvogel führt, unterstützt.

In der DDR wurden Hartwig Prange 1971 und Wolfgang Mewes 1972 in den *Arbeitskreis zum Schutz der vom Aussterben bedrohten Tiere* bei der Akademie der Landwirtschaftswissenschaften berufen. Von hier aus ist in den folgenden Jahren in ehrenamtlicher Arbeit ein flächendeckendes Netz zur Betreuung der Brutvögel und der Rastplätze im gesamten Land entwickelt worden. Ergebnisse dieser Arbeit waren beispielsweise die Betreuung der Brutpaare auf der Ebene von Landkreisen, die Unterschutzstellung von etwa 80 Prozent aller Kranichschlafplätze als Naturschutzgebiet, die Renaturierung eines etwa zehn Hektar großen Flachwassergebietes als Schlafplatz im Kremmener Luch, die Einleitung von Grubenwasser der Lausitz in Kranichschlafplätze bei Luckau und Lauchhammer u. v. a.

Die Arbeitsgemeinschaft Kranichschutz Deutschland

Im Rahmen der europäischen Arbeitsgruppe bestanden bereits vor 1989 Kontakte zwischen den in Ost und West wirkenden Kranichschützern. So war es nur folgerichtig, daß sich die gleichgesinnten Kollegen aus beiden Teilen Deutschlands bald nach der Wende an einen Tisch setzten. Das gemeinsame Ziel, dem Kranich in Deutschland eine sichere Brutheimat und eine möglichst große Zahl von Rast- und Sammelplätzen zu erhalten, führte 1991 zur Gründung der *Arbeitsgemeinschaft Kranichschutz Deutschland*, die jetzt von Wolfgang Mewes geleitet wird. Die Lufthansa wurde der exklusive Unternehmenssponsor dieser Initiative. Von Anfang an setzte sich die Arbeitsgemeinschaft die Öffentlichkeitsarbeit als wesentliches Ziel ihres Wirkens. Dafür sollte am größten deutschen Rastplatz in der Rügen-Bock-Region ein Kranich-Informationszentrum entstehen. Nach einigen Umwegen fand sich in Groß Mohrdorf bei Stralsund eine ehemalige Milchannahmestelle, in der das Kranich-Informationszentrum eingerichtet werden konnte, das seither unter der Leitung von Günter Nowald steht. Im September 1996 wurde eine Ausstellung mit Vitrinen, Texttafeln, Video- und Diavorführungen auf 140 Quadratmetern fertiggestellt, die über brütende und rastende Kraniche, über den Zug, den Lebenszyklus und alle Fragen, die mit dem Kranichschutz zusammenhängen, informiert. Auch das spannungsreiche Verhältnis von Naturschutz und Landwirtschaft wird am Beispiel der Kraniche, Wildgänse und Schwäne, die zu Tausenden auf den umliegenden Feldern äsen, angesprochen. Gleichzeitig werden die Besucher über günstige Beobachtungsmöglichkeiten informiert.

Kranichschutz Deutschland legt besonderen Wert auf eine konstruktive Zusammenarbeit mit den Landeigentümern, Landnutzern und den Behörden. So ist es im geteilten wie im vereinten Deutschland gelungen, für den Kranich und damit auch für viele andere Arten Schutzgebiete einzurichten.

In Mecklenburg-Vorpommern ergibt sich heute folgendes Bild: Von den Brutpaaren kommen 38 Prozent in gesicherten Gebieten vor, von Übersommerungsplätzen liegen 51 Prozent in Naturschutzgebieten (NSG), die Schlafstellen der Rast- und Sammelplätze sind zu 90 Prozent als NSG oder Nationalparke ausgewiesen.

Entscheidend ist die Arbeit der über 100 Mitglieder der deutschen Arbeitsgemeinschaft vor Ort. Die sogenannten „Horstschutzregelungen" in den Landesnaturschutzgesetzen von Mecklenburg-Vorpommern und Brandenburg sind ein gutes Instrument, Störungen in Brutgebieten zu minimieren. Ursprünglich nur auf Adler und Schwarzstorch bezogen, dann aber auch auf andere Arten erweitert, wird um das Nest eine 100-Meter-Schutzzone eingerichtet, in der keine forstlichen Maßnahmen stattfinden dürfen und in der die Jagd ruht. Während Brut und Jungenaufzucht, also vom 1. März bis zum 15. August, sollen darüber hinaus alle forstlichen, jagdlichen und z.T. auch landwirtschaftlichen Maßnahmen in einem Umkreis von 300 Metern um den Brutplatz unterbleiben. Diese Regelungen lassen sich im Kranichschutz recht gut anwenden.

Auf privater Basis

Um viele Menschen an den Kranichschutz heranzuführen und ihnen Naturerlebnisse mit dem beeindruckenden Vogel zu ermöglichen, haben örtliche Kranichschutzgruppen Einrichtungen für Besucher geschaffen, die besonders zur Zugzeit aufgesucht und betreut werden. So errichtete die Gruppe beim *Biologischen Arbeitskreis Luckau* am Sammel- und Rastplatz Borcheltsbusch (Brandenburg) einen Aussichtsturm, der frei zugänglich ist. Heute gehört dieser bedeutende Platz zum Naturpark *Niederlausitzer Landrücken.*

Die Rast von 15000 bis 20000 Kranichen kann man im Binnenland an den Schlafplätzen Nauener Rieselfelder und Linumer Fischteiche (Brandenburg) miterleben, die mit ihren zugehörigen Beobachtungsständen von örtlichen Gruppen, wie z. B. dem *Landschaftspflegeverein Oberes Rhinluch,* betreut werden. In Mecklenburg-Vorpommern ragen besonders zwei Plätze heraus, die für Besucher geeignet sind. Im NSG *Langenhägener Seewiesen* (Landkreis Parchim) lassen sich die ins Wasser einfallenden oder die am Morgen abfliegenden Kraniche von der Dorfstraße aus beobachten. Inzwischen wurde mit finanzieller Unterstützung von

Kranichschutz Deutschland auch hier eine Beobachtungshütte errichtet, für die der *Förderverein Langenhägener Seewiesen* zuständig ist.
Der *Verein zum Schutze und Erhalt des Kranichrastplatzes Rügen-Bock-Region,* der seinen Sitz in Klausdorf bei Stralsund hat, baute mit Unterstützung des Landes Mecklenburg-Vorpommern den „Kranich-Utkiek" bei Hohendorf aus, wo im Herbst und Frühjahr auch am Tage Kraniche auf einer nahen Ablenkfütterung beobachtet werden können. Hier arbeiten der Verein und das *Kranich-Informationszentrum Groß Mohrdorf* eng zusammen, um an diesem bedeutendsten Rastplatz Mitteleuropas den Kranichschutz und die Besucherlenkung in Einklang zu bringen, da zur Zugzeit Tausende Naturinteressierte herbeiströmen, um die Rast mitzuerleben. Um alle anderen Rastplätze kümmern sich gleichfalls engagierte Schutzgruppen vor Ort. So sind zum Beispiel am Ostufer der Müritz, in der Niederlausitz bei Grünewalde oder in der Dübener Heide weitere Aussichtspunkte entstanden.

Von Staats wegen

Eine große Bedeutung für den Kranichschutz haben neben den privaten Vereinigungen die staatlichen Einrichtungen und die Großschutzgebiete, die inzwischen an vielen Orten den Schutz des Kranichs und seiner Lebensräume mit großem Erfolg betreiben. Zu nennen sind vor allem der *Nationalpark Vorpommersche Boddenlandschaft,* in dem die Schlafplätze für die Kraniche der Rügen-Bock-Region liegen, sowie der *Müritznationalpark,* der ebenfalls einige Schlafplätze und zahlreiche Brutpaare beherbergt, außerdem sind die Naturparks *Schaalsee* und *Nossentiner/Schwinzer Heide* von großem Belang. Alle diese bedeutenden Großschutzgebiete liegen in Mecklenburg-Vorpommern. In Brandenburg wird unter anderem im *Biosphärenreservat Schorfheide-Chorin,* im *Nationalpark Unteres Odertal* und im *Naturpark Niederlausitzer Landrücken* ein intensiver Schutz des Kranichs betrieben, der in Deutschland insgesamt ein hohes Niveau erreicht hat. Die Koordinierung vieler Maßnahmen durch Mitarbeiter von *Kranichschutz Deutschland,* die finanzielle Unterstützung durch die Lufthansa Umweltförderung und die enge Zusammenarbeit mit staatlichen Einrichtungen waren und sind die Grundlage einer überaus positiven Entwicklung.

Internationale Veranstaltungen

Die *International Crane Foundation* veranstaltete von 1975 bis 1993 insgesamt vier weltweite Kranichtagungen. Zahlreiche wissenschaftliche Kranichsymposien wurden von amerikanischen, aber auch von anderen nationalen Kranicharbeitsgruppen ausgerichtet, wobei die Treffen in der früheren Sowjetunion, sowie in Japan, China, Indien, Afrika und Europa hervorzuheben sind.
Die Tagungen der europäischen Kranichforscher und -schützer werden von der *European Crane Working Group* organisiert, deren Treffen bisher in Ungarn (1985), in Estland (1989), in Spanien (1993) und in Deutschland (1996) stattfanden. Die *European Crane Working Group* ist seit 1991 der Arbeitsgemeinschaft *Kranichschutz Deutschland* angegliedert. Durch die Förderung der Lufthansa, einiger Ministerien sowie von NABU und WWF war es möglich, daß im Oktober 1996 am *European Crane Workshop* in Stralsund 25 der Teilnehmer aus eurasischen Ländern kostenfrei teilnehmen konnten.
Auch wenn die europäische Kranicharbeitsgruppe einen eher lockeren Verband interessierter Wissenschaftler in Europa darstellt, kann im Rückblick auf die durchgeführten Arbeiten und im Ausblick auf bevorstehende Vorhaben dankbar festgestellt werden, daß Menschen der verschiedensten Länder, gesellschaftlichen Systeme und Weltanschauungen zusammengeführt, Informationen und Erfahrungen ausgetauscht sowie die Schutzstrategien der europäischen Länder mit Erfolg einander angenähert werden konnten.

Adressen:

Prof. Dr. Hartwig Prange
Koordinator Kranichzug und -rast in Deutschland
European Crane Working Group
Merkurstraße 47b · 06118 Halle/Saale

Günter Nowald
Leiter des Kranich-Informationszentrums
Koordinator für Kranichberingung in Deutschland
Lindenstraße 27 · 18445 Groß Mohrdorf

Dr. Wolfgang Mewes
Sprecher der AG Kranichschutz Deutschland
Koordinator Kranichbrut in Deutschland
Grüner Weg 3 · 19395 Karow

Thomas Neumann
Koordinator Kranichschutz in Schleswig-Holstein
Umweltstiftung WWF Deutschland
Fachbereich Binnenländische Feuchtgebiete
Hauptstraße 144 · 23879 Mölln

Deutsche Lufthansa AG
Public Affairs – Lufthansa Basis – Umweltförderung
60546 Frankfurt/Main

Eckhard Bühring
Koordinator Kranichschutz Niedersachsen
Spörckenstraße 23d · 29221 Celle

Klaus Uhl
Koordinator Kranichschutz Süd-Brandenburg
Maasbergstraße 24 · 01979 Grünewalde

Hans-Jochen Haferland
Koordinator Kranichschutz Nord-Brandenburg
Ziegenstraße 11 · 16307 Geesow

Gerhard Scheil
Koordinator Kranichschutz Sachsen-Anhalt
Mittelstraße 1 · 06800 Jeßnitz

Christian Schulze
Koordinator Kranichschutz Sachsen
Gartenstraße 30 · 02943 Weißwasser

KRANICHE DER WELT

Fünfzehn Arten in fünf Kontinenten

Weißnackenkranich *Grus vipio*

Mandschurenkranich *Grus japonensis*

Grauer Kranich *Grus grus*

Saruskranich *Grus antigone*

Australischer Kranich
Grus rubicundus

Schreikranich
Grus americana

Grauer Kronenkranich
Balearica regulorum

Klunkerkranich
Burgeranus carunculatus

Schwarzhalskranich
Grus nigricollis

Paradieskranich
Anthropoides paradisea

Mönchskranich
Grus monacha

Schneekranich
Grus leucogeranus

Jungfernkranich
Anthropoides virgo

Kanadakranich
Grus canadensis

Schwarzer Kronenkranich
Balearica pavonina

Seit Jahrmillionen

Die ältesten fossilen Funde der Vorfahren heutiger Kronenkraniche sind etwa 37 bis 54 Millionen Jahre alt und stammen aus dem Tertiär, einer Epoche, die von starkem vulkanischem Geschehen geprägt wurde. Gebirgszüge wie die Pyrenäen, die Alpen oder die Kordilleren falteten sich auf, und in der Flora hatten sich bereits die Blütenpflanzen durchgesetzt.

Unter den zahlreichen Vögeln lebten in den letzten 50 Millionen Jahren in Europa und Nordamerika mindestens elf Arten von Kronenkranichen. Die beiden Vertreter der Kranichunterfamilie *Balearicinae* sind heute in Afrika zu Hause. Da sie größere Kälte nicht überstehen, ist anzunehmen, daß sie auf der nördlichen Erdhalbkugel während der Eiszeiten ausstarben, einige Arten jedoch im wärmeren Afrika überleben konnten.

Im Vergleich zu ihnen sind heutige Kraniche der Unterfamilie *Gruinae* kälteresistenter. Fossile Funde belegen ihre ältesten Vorfahren im Miozän vor fünf bis 24 Millionen Jahren. Sieben Arten sind während dieser Zeit ausgestorben. Überlebt haben 13 Arten der Gattungen *Anthropoides, Bugeranus und Grus.*

Die Verwandtschaft

Kraniche sind trotz äußerlicher Ähnlichkeiten weder mit den Störchen noch mit den Reihern verwandt. Der Ordnung der Kranichvögel *Gruiformes* gehören in Europa neben der Familie der Kraniche *Gruidae* die Familien der Rallen *Rallidae* (z.B. das Bläßhuhn *Fulica atra*), und die der Trappen *Otitidae* (z.B. die Großtrappe *Otis tarda*), an. Weltweit werden der Ordnung insgesamt elf Familien zugeordnet.

Das Familienbuch der Kraniche ist seit der Jahrhundertwende mehrfach umgeschrieben worden. Spezialisten der zoologischen Systematik entwickelten Stammbäume mit vierzehn, sechzehn oder neunzehn Arten. Neben der vergleichenden Beschreibung von Verhaltens- wie auch morphologischen Merkmalen haben moderne Untersuchungen des Erbgutes, sogenannte DNA-Analysen, neues Licht in die Verwandtschaftsbeziehungen gebracht. Die zur Zeit gebräuchlichste Einteilung unterscheidet fünfzehn Arten in vier Gattungen mit zum Teil mehreren Unterarten. Der engste Verwandte des Grauen oder Eurasischen Kranichs ist der fast schneeweiße Schreikranich Nordamerikas. Weiterhin stehen ihm der Mönchskranich und der Schwarzhalskranich besonders nahe. Systematisch am weitesten entfernt sind dagegen die Kronenkraniche.

Die kleinen Unterschiede

Die verschiedenen Arten der Kraniche leben in Europa, Asien, Afrika, Nordamerika und Australien.

Abgesehen von besonderen artspezifischen Merkmalen und Verhaltensweisen sind sich die Angehörigen der Kranichfamilie sehr ähnlich. Es sind große bis sehr große, schlanke Vögel mit langen Beinen und einem langen Hals. Die indische Unterart des Saruskranichs ist mit etwa 170 Zentimetern Körperhöhe der größte fliegende Vogel der Welt.

Die Unterschiede in der Lebensweise der Arten spiegeln sich in den spezifischen Anpassungen wider. Die lange hintere Greifzehe erlaubt es z.B. nur den Kronenkranichen, auf Bäumen zu übernachten. Mit ihren vergleichsweise kurzen Schnäbeln können die im trockeneren Grasland lebenden Jungfern- und Paradieskraniche besser Samen und Insekten aufnehmen als ihre Verwandten mit längeren Schnäbeln. Der Schneekranich bewohnt das ganze Jahr über sumpfige Feuchtgebiete. Er hat den längsten Schnabel und auch die längsten Zehen und ist damit am besten für die Nahrungssuche in Sümpfen angepaßt. Der australische Kranich findet seine Nahrung auch in salzigen Marschen und Brackwassern. Damit er überflüssiges Salz besser aus seinem Körper ausscheiden kann, besitzt er spezielle Salzdrüsen in der Nähe seiner Augen.

Kronenkraniche können, anders als all ihre Kranichverwandten, sogar auf Bäumen stehend übernachten.

Grauer Kronenkranich

(Balearica regulorum)

Die Biologie und die ökologischen Ansprüche des Grauen Kronenkranichs sind mit denen des Schwarzen Kronenkranichs vergleichbar. Auch er kann auf Bäumen stehend übernachten.

Neben dem Verlust an Brutplätzen wird der Populationstrend der östlichen Unterart *(B. r. gibbericeps)* durch einen hohen Pestizideinsatz in der Landwirtschaft, ein starkes Bevölkerungswachstum des Menschen und durch Fangen mit anschließendem Handel zusätzlich negativ beeinflußt. Das derzeitige Verbreitungsgebiet der 75 000 bis 85 000 Vögel liegt in Uganda, Kenia, Burundi und Tansania. Die etwa 10 000 Angehörigen der südlichen Unterart *(B. p. regulorum)* kommen in Zimbabwe und Südafrika vor.

Schwarzer Kronenkranich

(Balearica pavonina)

Der zwischen 95 und 110 Zentimeter große Schwarze Kronenkranich ist kein Zugvogel. Außerhalb der Brutzeit wechseln aber größere Freßgemeinschaften zwischen Sümpfen, Mooren und Überschwemmungsgebieten. Die Nahrungssuche erfolgt zusätzlich in offenen Grasländern, auf Reisfeldern und anderen landwirtschaftlichen Nutzflächen.

Das Gelege besteht aus durchschnittlich 2,5 Eiern, das Nest wird am Rand von Feuchtgebieten mit dichter Vegetation errichtet. Nach einer Bebrütungsdauer von 28 bis 31 Tagen schlüpfen die Jungen, die je nach Nahrungsangebot in 60 bis 100 Tagen flugfähig sind. Sie fressen hauptsächlich Insekten und frische Pflanzentriebe.

Vor allem wegen des Verlustes von Bruthabitaten durch Umwandlung dieser Gebiete in landwirtschaftliche Nutzflächen ist die Population der westlichen Unterart, des Westafrikanischen Kronenkranichs *(B. p. pavonina)*, von ehemals 100 000 auf nur noch 11 500 bis 17 500 Vögel geschrumpft, und dieser negative Trend hält noch an. Sein Hauptverbreitungsgebiet liegt heute in Mali, in Niger und in Burkina Faso. Die zweite Unterart, der Sudanesische Kronenkranich *(B. p. ceciliae)*, lebt mit noch 55 000 bis 60 000 Exemplaren im Sudan und in Äthiopien. Der Schwarze Kronenkranich, insgesamt wesentlich dunkler gefärbt, unterscheidet sich von seinem nächsten Verwandten, dem Grauen Kronenkranich, durch die federlose rote Wange und einen nur im Ansatz vorhandenen Kehllappen.

Ein Schwarzer Kronenkranich in seiner angestammten afrikanischen Brutheimat.

Jungfernkranich

(Anthropoides virgo)

Der Jungfernkranich ist mit einer Körperhöhe von 90 bis 100 und einer Flügelspannweite von 165 bis 185 Zentimetern die kleinste Kranichart. Auffällig sind die weißen Federbüschel hinter den Augen und das lange dunkle Brustgefieder. Die Vögel brüten in den eurasischen Steppen, vor allem in Kasachstan, Usbekistan sowie in der Mongolei und im Norden Chinas. Ein Gelege besteht gewöhnlich aus zwei Eiern, die auf den trockenen Steppenboden gelegt und anschließend 27 bis 29 Tage bebrütet werden. Mit 55 bis 65 Tagen benötigen die Jungvögel die kürzeste Zeitspanne aller Kraniche, um flügge zu werden. Jungfernkraniche sind relativ wärmeliebend und verlassen ihre Brutheimat vor dem Grauen Kranich, entsprechend später kehren sie im Frühjahr zurück.

Der Jungfernkranich ist mit einer geschätzten Populationsgröße von 200 000 bis 250 000 Vögeln wahrscheinlich die dritthäufigste Kranichart. Die vergleichsweise hohe Zahl darf nicht darüber hinwegtäuschen, daß auch die Population des Jungfernkranichs stark abnimmt. Der Hauptgrund liegt in der Zerstörung der Lebensräume und der Bedrohung durch Raubwild und verwilderte Hunde. Zusätzlich stellen Jäger den schönen Vögeln auf ihrem Zug in die Hauptüberwinterungsgebiete auf dem indischen Subkontinent und in Ostafrika stark nach. In einer einzigen Saison wurden z. B. in Pakistan 10 bis 15 Prozent der ziehenden Jungfernkraniche erbeutet.

Der Jungfernkranich ist der zierlichste unter allen Kranicharten.

Paradieskranich

(Anthropoides paradisea)

Paradieskraniche erreichen eine Körpergröße von 100 bis 120 Zentimetern und haben die längste Federschleppe aller Kraniche. Sie sind in ihren Lebensgewohnheiten den Jungfernkranichen ähnlich. Auch sie brüten überwiegend im offenen, trockenen Grasland. Das Weibchen legt durchschnittlich zwei Eier, die Küken schlüpfen nach 30 bis 33 Tagen. Die Flugfähigkeit erreichen sie nach 90 bis 100 Tagen.
Zur Nahrungssuche begeben sich die Altvögel, die außerhalb der Brutzeit sehr gesellig sind, gerne auf Aussaaten von Mais und Weizen. Größere Ansammlungen können dann auch Schäden verursachen. Leider erwehren sich einige betroffene Bauern der Vögel mit vergiftetem Getreide. Zusätzlich gehen große Teile des Lebensraumes durch Aufforstung mit schnellwüchsigen Gehölzen, überwiegend Nadel- und Eukalyptusbäumen, verloren. Die Population schrumpft besorgniserregend und hat sich von über 100 000 um 1950 auf etwa 21 000 Exemplare im Jahr 1996 verringert. Mit Ausnahme einiger hundert Vögel, die vor allem in der Etoschapfanne in Namibia zu Hause sind, leben alle anderen in der Republik Südafrika.

Klunkerkranich

(Bugeranus carunculatus)

Der Klunkerkranich, der seinen Namen von den zu beiden Seiten der Kehle herabhängenden, zu zwei Dritteln mit weißen Federn geschmückten Hautlappen hat, ist neben dem asiatischen Saruskranich mit einer Höhe von 170 Zentimetern der größte Kranich überhaupt. Er zeichnet sich durch einige Besonderheiten innerhalb der Kranichfamilie aus. So ist seine Reproduktionsrate äußerst gering, da das Gelege im Durchschnitt nur aus einem Ei besteht. Die Bebrütungszeit ist mit 33 bis 36 Tagen die längste aller Kraniche. Die Flugfähigkeit erreichen die Jungvögel erst mit 90 bis 130 Tagen, also deutlich später als alle anderen Verwandten.

Klunkerkraniche sind sehr territorial gebundene Vögel, die ihr Revier vehement verteidigen. Sie sind so ortstreu, daß sie oft das ganze Jahr hindurch an einem Platz bleiben. Lokale Wanderungen werden vor allem durch Wassermangel hervorgerufen. Der Klunkerkranich ist die am stärksten auf Feuchtgebiete angewiesene Kranichart Afrikas. Weitreichende, zeitweilig überschwemmte Riedgrasgebiete im Randbereich von Flüssen und Seen sind die bevorzugten Brut- und Nahrungshabitate. Die Vögel fressen gerne Wasserpflanzen mitsamt Knollen und Wurzeln. Dazu kommen Getreidekörner und Samen ebenso wie Reptilien, kleine Säugetiere, Fische, Insekten und deren Larven.

Die Zentren der Verbreitung liegen in den Ebenen des Kafue-Flusses in Sambia und im Okavango-Delta in Botswana. Nur wenige hundert der 13 000 bis 15 000 Vögel findet man in Südafrika und in Äthiopien. Der Verlust des natürlichen Lebensraumes durch Staudammprojekte, Industrialisierung und intensive Landwirtschaft läßt den Bestand immer weiter zurückgehen. Dazu kommen Störungen durch den Tourismus, durch organisierte Jagdveranstaltungen und durch Wilderei. Der Klunkerkranich ist die am meisten gefährdete Kranichart Afrikas.

Kanadakranich

(Grus canadensis)

Die gleichmäßig graubraun gefärbten Kanadakraniche sind mit über einer halben Million Tieren zahlenmäßig die weltweit größte Kranichpopulation. Die Körpergröße reicht von 88 bis 100 Zentimetern, die Flügelspannweite liegt zwischen 160 und 210 Zentimetern. Man unterscheidet sechs Unterarten. Entsprechend werden verschiedene Lebensräume besiedelt, z. B. Moore, Sümpfe und Feuchtwiesen, offenes Grasland von der Prärie bis hin zu Savannen und Stoppelfeldern.

In Feuchtgebieten fügen die Paare ihre Nester aus den Wasserpflanzen der Umgebung zusammen, auf Trockenstandorten wird nur spärlich gebaut. Normalerweise legt das Weibchen zwei Eier. Nach 29 bis 32 Tagen schlüpfen die Jungen, die nach 67 bis 75 Tagen flügge sind. Die südlichen Populationen benötigen wahrscheinlich im Durchschnitt mehr Zeit bis zum Erreichen der Flugfähigkeit.

Der Kanadakranich, auch Sandhügelkranich genannt, hat ein breites Nahrungsspektrum, dessen Palette von Pflanzen bis hin zu Wirbellosen und kleinen Wirbeltieren reicht.

Die Unterarten Kleiner Kanadakranich *(G. c. canadensis)*, Kanadakranich *(G. c. rowani)* und Großer Kanadakranich *(G. c. tabida)* sind Zugvögel, während der Florida-Kranich *(G. c. pratensis)*, der Mississippi-Kranich *(G. c. pulla)* und der Kuba-Kranich *(G. c. nesiotes)* Standvögel mit jeweils 4 000 bis 6 000 bzw. 120 und 300 Exemplaren sind.

Das weiträumige Brutgebiet des Kleinen Kanadakranichs erstreckt sich über die arktischen und subarktischen Regionen Nordkanadas, über Alaska bis zum Nordosten Sibiriens, wo er sich immer weiter nach Westen ausbreitet. Eine weitere Arealvergrößerung wird vermutlich in Zukunft durch Energie-Faktoren beschränkt werden, da die Überwinterungsgebiete des Kleinen Kanadakranichs im Südwesten der USA und im nördlichen Mexiko liegen. Zweimal im Jahr müssen die in Sibirien brütenden Vögel den Weg ihrer Einwanderung zurücklegen und eine Zugstrecke von bis zu 8000 Kilometern bewältigen: Sie halten damit mit großem Abstand den Streckenrekord in der Familie.

Grus c. rowani (der „gewöhnliche" Kanadakranich) brütet im Anschluß an das Brutgebiet des Kleinen Kanadakranichs im subarktisch geprägten Teil Kanadas zwischen dem 50. und 60. Breitengrad. Die Vögel aus dem östlichen Raum der Brutverbreitung überwintern gemeinsam mit dem Großen Kanadakranich im Küstenbereich von Texas. Von den im westlichen Bereich brütenden Kanadakranichen wird das Überwinterungsgebiet in Kalifornien, Neu Mexiko, Mexiko und Texas angeflogen.

Eine Unterscheidung der beiden Unterarten – Kleiner Kanadakranich und Kanadakranich – ist im Freiland kaum möglich. Der gemeinsame Bestand liegt bei etwa 500 000 (450 000 bis 650 000) Exemplaren. Ihr bedeutendster und bekanntester Rastplatz ist der Platte River in Nebraska, wo im Frühjahr Hunderttausende von Vögeln ihren Flug unterbrechen, um auf den ausgedehnten Maisstoppeln zu fressen und auf den Sandbänken des Flusses auf einer Länge

In den weiten Landschaften des nordamerikanischen Kontinents findet der Kanadakranich zum Teil ideale Bedingungen.

von etwa 100 Kilometern zu übernachten. Die drei räumlich getrennten Brutgebiete der 65 000 bis 75 000 Individuen des Großen Kanadakranichs haben ihre Verbreitungszentren in den Rocky Mountains, im Central Valley und im Bereich der Großen Seen.

Für die Populationen des Kanadakranichs und des Kleinen Kanadakranichs bestehen keine Gefahren, obwohl alljährlich zwei bis drei Prozent des Bestandes durch gezielte Jagd bei sonst guten Schutzbedingungen entnommen werden. Die immer weiter zurückgehende Population des Mississippi-Kranichs wird durch die Giftfracht des Fusses stark in Mitleidenschaft gezogen.

Schreikranich

(Grus americana)

Die schneeweißen Schreikraniche mit ihren schwarzen Handschwingen erreichen eine Körpergröße von annähernd 150 Zentimetern. Das heutige Brutgebiet ist auf den Wood Buffalo National Park im Grenzgebiet Albertas zu den Northern Territories in Kanada beschränkt. Dort bauen sie ihre Nester aus Binsen und Riedgräsern in den ausgedehnten Feuchtgebieten der lichten Waldtaiga. Über 90 Prozent der gefundenen Gelege enthalten zwei Eier, die 29 bis 30 Tage bebrütet werden. Die Aufzucht der Jungen bis zur Flugfähigkeit dauert weitere 80 bis 90 Tage.

Schreikraniche sind die seltensten Vertreter unter den 15 Kranicharten und gehören mit nur etwa 220 freilebenden Individuen zu den weltweit am stärksten bedrohten Vögeln überhaupt. Man unterscheidet eine nicht ziehende und zwei ziehende Teilpopulationen. Der Kernbestand der Art bewältigt zweimal im Jahr eine Flugstrecke von mindestens 5000 Kilometern zwischen dem Brutgebiet in Kanada und dem Überwinterungsgebiet im texanischen Aransas National Wildlife Refuge am Golf von Mexiko. Vor allem in der Vergangenheit fiel ein großer Teil der Vögel während des Zuges der Jagd zum Opfer. 1940/41 waren nur noch 15 Exemplare bekannt. Groß angelegten Schutzprojekten ist es zu verdanken, daß sich der Bestand bis zum Frühjahr 1997 auf 158 Schreikraniche erholen konnte. Im Brutgebiet fressen sie Muscheln, Krebstiere, Insekten, kleine Fische, Frösche und Schlangen. Im Überwinterungsgebiet stehen Krabben, Venusmuscheln, Garnelen, kleine Wirbeltiere und Teile von Pflanzen (z.B. Eicheln) auf dem Speiseplan.

Ab 1975 wurde eine zweite Gruppe aufgebaut, indem man im Gray Lake Schutzgebiet am Rande der Rocky Mountains in Idaho den dort mit dem Schreikranich gleichzeitig brütenden Großen Kanadakranichen das eigene Gelege wegnahm und dafür jeweils ein Ei des Schreikranichs aus Kanada unterschob. Die sorgsam ausgesuchten Ersatzeltern flogen mit den Adoptivzöglingen nach erfolgreicher Aufzucht – wie erhofft – in das 750 Kilometer südlich gelegene Winterquartier, das etwa 24000 Hektar große National Wildlife Refuge Bosque del Apache in Neu-Mexiko. Im Jahr 1985 zählte die „Rocky-Mountains-Population" 33 Individuen. Trotz dieses ersten Erfolges mußte das Experiment eingestellt werden, da es zu keiner Paarung zwischen den Vögeln kam. Vermutlich waren sie zu stark auf die Kanadakraniche geprägt. 1997 zogen nur noch drei Überlebende nach Neu-Mexiko.

Mehr Erfolg verspricht ein Projekt mit dem Ziel, eine nichtziehende Population im Südosten der Vereinigten Staaten zu begründen. Im Rahmen des Whooping Crane Recovery Plan wurden im Januar 1993 die ersten vierzehn in der Obhut des Menschen geschlüpften und aufgezogenen Schreikraniche unter kontrollierten Bedingungen in der Kissimmee Prärie Floridas freigelassen. Während der Aufzucht wurde der unmittelbare Kontakt mit dem Menschen vermieden, so daß die Vögel weniger oder nicht auf den Menschen geprägt waren. An ihre neue Umgebung konnten sie sich in großen Volieren von über 500 Quadratmetern gewöhnen. Während des ersten Monats waren die Flügel „geklammert". Danach konnten die Vögel jederzeit das Gehege verlassen und wieder zurückkehren. Von insgesamt 128 bis zum Winter 1996/97 ausgewilderten Vögeln haben 59 überlebt, die anderen fielen überwiegend dem Rotluchs *(Lynx rufus)* zum Opfer. Endlich haben die ersten Vögel die Geschlechtsreife erlangt, und die Zeichen für eine Brut in freier Wildbahn können positiv gedeutet werden, ein erstes Verlobungspaar wurde bereits gesichtet. Jetzt hofft man auf Nachwuchs aus der freien Wildbahn.

In Nordamerika werden zur Zeit für Zuchtzwecke zur Arterhaltung 117 Schreikraniche in Gefangenschaft gehalten.

Schneekranich

(Grus leucogeranus)

Die weißen sibirischen Schneekraniche mit der roten Gesichtsmaske erreichen eine Körpergröße von 120 bis 140 und eine Flügelspannweite von 230 bis 260 Zentimetern und sind damit geringfügig größer als der Graue Kranich. Bemerkenswert ist das hohe Alter von etwa 70 Jahren, das ein Vogel in der Gefangenschaft erreicht hat.

Ihr charakteristischer Körperbau und die weiße Färbung, ihre Lautäußerungen, die Balz und die Nahrung unterscheiden sie stark von den anderen Arten der Gattung *Grus*. Sie benötigen während des gesamten Jahres für Brut, Jungenaufzucht, Nahrungssuche und Rast praktisch ausschließlich Feuchtgebiete als Lebensraum. Meistens trifft man die Vögel bei der Nahrungssuche in bis zu 30 Zentimeter tiefem Wasser an. Das Nest, ein flacher Berg aus Binsen, Schilf und anderen Gräsern, erhebt sich etwa 15 Zentimeter über den umgebenden Wasserspiegel. Das Gelege besteht gewöhnlich aus zwei Eiern, die durchschnittlich 29 Tage bebrütet werden. Es überlebt immer nur ein Jungvogel bis zum Flüggewerden nach 70 bis 75 Tagen.

Die 2900 bis 3000 Schneekraniche der östlichen Teilpopulation haben ihr Brutgebiet in Jakutien im Nordosten Sibiriens. Sie überwintern in Feuchtgebieten am Jangtse-Fluß in Südzentral-China (98 Prozent am 1983 unter Schutz gestellten Poyang-See). Die Angehörigen der „Zentralpopulation" brüten in Westsibirien am Unterlauf des Ob und überwintern vorzugsweise im Keoladeo Nationalpark in Indien. 1965 hielten sich dort noch etwa 200 Exemplare auf, im Februar 1996 konnten nur noch vier Vögel aufgespürt werden, ein Paar mit einem Jungvogel und ein alleinstehender Altvogel. Die verbliebenen neun Vögel der westlichen Teilpopulation überwintern im Iran. Ihre genauen Brutgebiete sind bis heute nur teilweise bekannt.

Der Schneekranich, auch Nonnenkranich genannt, ist nach dem Schreikranich und dem Mandschurenkranich die seltenste Art in der Kranichfamilie. In den Rast- und Überwinterungsgebieten sind als Hauptgefahren der Verlust an geeigneten Feuchtgebieten, die Intensivierung der Landwirtschaft und die Jagd anzusehen. Die Jagd gefährdet die Vögel während des Zuges vor allem in Pakistan und Afghanistan und dezimiert dort ihren Bestand. Zusätzlich soll sich die industrielle Ausbeutung von Bodenschätzen in den Brutgebieten negativ auswirken.

Weißnackenkranich

(Grus vipio)

Die weißen Federn am Hals und der rote Augenfleck sind für Grus vipio charakteristisch.

Ein Paar Weißnackenkraniche in seinem typischen Bruthabitat, einem offenen und flachen, von Riedgräsern dominierten Feuchtgebiet.

Weißnackenkraniche erreichen eine Körpergröße von fast 130 Zentimetern. Charakteristisch für ihr Federkleid ist das von der Brust ausgehende, tief blaugraue Band, das im schneeweißen Hals bis zum Kopf hin verläuft. Das höchste in der Gefangenschaft registrierte Alter betrug über 67 Jahre. Sie bauen ihre Nester in offene und flache, von Riedgräsern dominierte Feuchtgebiete in China, in der Mongolei und in den Grenzregionen zu Rußland. Das Gelege besteht normalerweise aus zwei Eiern, die Brut dauert 28 bis 32 Tage. Die Nahrungssuche erfolgt mit den Jungvögeln im Brutplatz, auf angrenzendem Grasland sowie auf Ackerflächen. Die Vögel erbeuten hier vor allem Insekten und kleinere Wirbeltiere. Hinzu kommen die Samen, Wurzeln und Knollen der Riedgräser. Nach 70 bis 75 Tagen erreichen die Jungen ihre Flugfähigkeit.

Weißnackenkraniche sind Zugvögel. Ungefähr 3000 der insgesamt 4900 bis 5300 Vögel überwintern am Poyang-See in China. Etwa 2000 finden sich auf der südlichsten der vier japanischen Hauptinseln, auf Kyushu, ein. Dort trifft man sie gemeinsam mit Mönchs- und Mandschurenkranichen auf der Fläche der Fütterungsstation „Arasaki" bei Izumi an. Maximal 200 Vögel bleiben im Winter in der entmilitarisierten Zone beider koreanischer Staaten, in der auch einige Paare brüten sollen.

Wie bei fast allen Kranicharten besteht auch beim Weißnackenkranich die größte Bedrohung im Verlust an Brutplätzen durch das Entwässern von Feuchtgebieten und das anschließende Umwandeln in Ackerland, vor allem in der Sanjiang Ebene im Nordosten Chinas. Die Vernichtung von Rastgebieten, u. a. in Korea, kann zukünftig ebenso zu weiteren Problemen führen.

Mönchskranich

(Grus monacha)

Mönchskraniche deren weiße Köpfe durch eine kleine federlose rote Kopfplatte geschmückt sind, erreichen eine Körpergröße von annähernd 130 Zentimetern. Ihr Brutgebiet erstreckt sich von den zentralen bis zu den südlichen Bereichen der ostrussischen Taiga. Die Nester aus Moosen, Riedgräsern, Lärchen- und Birkenzweigen, in welche sie durchschnittlich zwei Eier legen, befinden sich in abgeschiedenen Mooren. Hier suchen die Vögel auch ihre Nahrung, die aus Wasserpflanzen, Beeren, Insekten und Fröschen besteht. Die Bebrütungsdauer der Eier bis zum Schlüpfen beträgt 27 bis 30 Tage, nach weiteren 75 Tagen sind die Jungvögel flugfähig. Eine kleine Teilpopulation brütet im Nordosten Chinas in den bewaldeten Feuchtgebieten von Bergtälern.

Mönchskraniche sind Zugvögel, deren wesentliche Überwinterungsgebiete an den Seen des Jangtse-Flusses in China und auf der japanischen Insel Kyushu liegen. Gut 1200 der 9400 bis 9600 Vögel nutzen in China die verschiedensten Nahrungshabitate, vom brachliegenden Reisfeld über andere landwirtschaftliche Flächen bis hin zu natürlichem Grasland. Als Hauptkontingent überwintern 8000 Mönchskraniche in Japan bei der Fütterungsstation „Arasaki" bei Izumi.

Mandschurenkranich

(Grus japonensis)

Mandschuren- oder Rotkronenkraniche erreichen eine Körpergröße von fast 140 und eine Flügelspannweite von 250 Zentimetern. Mit dem schneeweißen Gefieder, dem schwarzen Hals und der schwarzen Schleppe gehören sie zu den schönsten Vertretern der Kranichfamilie. Im Nordosten Chinas brüten sie vorzugsweise in Marschen mit Schilf und Riedgras, während sie im Südosten Rußlands auch in riesigen Mooren mit Woll- und Riedgräsern zu finden sind. Zwei Eier werden 29 bis 34 Tage bebrütet. Bis zur Flugfähigkeit benötigen die Jungvögel weitere 95 Tage. Die weitgefächerte Nahrungspalette umfaßt Wirbellose und kleinere Wirbeltiere sowie pflanzliche Anteile.

Der Weltbestand des Mandschurenkranichs wird auf derzeit 1700 bis 2000 Vögel geschätzt, er ist damit die zweitgefährdetste Kranichart. In China überwintern 600 bis 800, in Nord-Korea 300 bis 350 und in Süd-Korea 200 bis 300 Mandschurenkraniche. Auf Hokkaido, der nördlichsten der vier Hauptinseln Japans, sind die Vögel ganzjährig anzutreffen. Wahrscheinlich ist es der regelmäßigen Fütterung im Winter zu verdanken, daß die Vögel standorttreu sind und der Bestand von 30 Exemplaren im Jahr 1952 auf 600 im Jahr 1996 stieg.

Der Verlust des Lebensraumes, vor allem durch zunehmende Besiedlung und Erweiterung der landwirtschaftlichen Nutzflächen, ist die größte Bedrohung für den Mandschurenkranich in dessen Brutgebieten. Während in Rußland noch unerlaubte Jagd als weitere Gefahrenkomponente dazukommt, werden in China die Eier gesammelt.

Ein Mandschurenkranichpaar beim Balzgesang

Die Balztänze des
Mandschurenkranichs
sind im Schnee
besonders eindrucksvoll.

Schwarzhalskranich
(Grus nigricollis)
Mit 120 Zentimetern Körpergröße erreichen Schwarzhalskraniche etwa die Maße unseres Grauen Kranichs.
In ihrem tiefschwarzen Kopf- und Halsgefieder kommt die leuchtend rote Kopfplatte besonders zur Geltung. Sie bauen ihre Nester in die unzugänglichen Sumpf- und Überschwemmungszonen hochgelegener Gebirgstäler in Tibet und in Qinghai (China) bis in eine Höhe von 5 000 Metern. Die Bebrütung der zwei Eier dauert 30 bis 33 Tage. Weitere 90 Tage benötigen die Jungen bis zum Erreichen der Flugfähigkeit. Das bevorzugte Nahrungsrevier ist ein vielgestaltiges Mosaik aus Hochlandwiesen mit Bächen und Flüssen sowie Mooren und Sümpfen. In diesem Habitat erbeuten sie Insekten, Eidechsen, kleine Fische, Frösche, Schnecken und Mäuse. Hinzu kommen die Wurzeln und Knollen von Pflanzen.
Der Bestand an Schwarzhalskranichen beträgt insgesamt 5 600 bis 6 000 Exemplare. In Tibet findet man 3 900 Vögel, die im Herbst in die tiefer gelegenen Regionen des südlichen Zentral-Tibets ziehen. Im Nordosten der chinesischen Provinzen von Yunnan und im Westen von Guizhou befindet sich das zweite Hauptüberwinterungsgebiet mit 1 300 bis 1 600 Individuen. Im Winter leben die Vögel überwiegend von Ernteresten landwirtschaftlicher Kulturen, wie Gerste, Weizen, Mais, Hafer, Karotten und Kartoffeln.
Der Verlust von Feuchtgebieten im Überwinterungsgebiet mit einem gleichzeitigen enormen Bevölkerungsanstieg der Menschen sind die größte Gefährdung für den Bestand der Schwarzhalskraniche. In Tibet haben sich die Anbau- und Erntebedingungen stark verändert. Damit fallen Gerste und Sommerweizen als Nahrungsquellen weitgehend aus.

Australischer Kranich

(Grus rubicundus)

Die bis zu 125 Zentimeter großen Australischen Kraniche sind vermutlich in ihren Ansprüchen bei der Habitatwahl am wenigsten spezialisiert. Sie bauen ihre Nester in die verschiedensten Feuchtgebiete bis hin zu kleineren künstlichen Teichen, die für die Versorgung der Viehbestände angelegt wurden. Das gewöhnlich aus zwei Eiern bestehende Gelege wird 28 bis 31 Tage bebrütet. Die Jungvögel erreichen nach etwa 100 Tagen die Flugfähigkeit.

Der Australische Kranich gilt als Standvogel, der nur bei starken Regenfällen bzw. bei langanhaltender Trockenheit regional umherstreift. Außerhalb der Brutzeit geben die Familienverbände ihre Territorialität auf. Dann trifft man auch große Ansammlungen in küstennahen Feuchtgebieten. Hier finden sie ihre wichtigste traditionelle Nahrung, die Knollen des Riedgrases *Eleocharis dulcis*. In Regionen, in denen Feuchtgebiete Reis-, Mais- und Getreidefeldern weichen mußten, nutzen die Kraniche die entsprechenden landwirtschaftlichen Kulturen zur Nahrungssuche.

Da genaue Bestandserfassungen fehlen, schätzten Ornithologen 1996 die Zahl sehr vage auf 20 000 bis 100 000 Vögel. Nordaustralien ist das Hauptverbreitungsgebiet. Kleine Vorkommen gibt es noch im Süden des Kontinents und in Neuguinea. Die größte Gefahr droht der Art durch den Verlust von Feuchtgebieten.

Saruskranich

(Grus antigone)

Der Saruskranich ist mit 170 Zentimetern Höhe der größte Kranich. Er ist ein Standvogel, der nur bei Trockenheit bzw. in Abhängigkeit von den Monsunregen Ortsveränderungen vornimmt. Drei geografisch getrennte Unterarten unterscheiden sich erheblich in ihrem Verhalten und in ihren Habitatansprüchen.

Der Indische Saruskranich *(G. a. antigone)* ist der hohen Bevölkerungsdichte Indiens angepaßt. Brutpaare bevorzugen zwar größere Feuchtgebiete, nutzen aber ebenso Reisfelder, Kanalufer oder Teiche in der Nähe von Dörfern. Zwei Eier werden 31 bis 34 Tage bebrütet, nach 85 bis 100 Tagen erreichen die Jungen ihre Flugfähigkeit. Altvögel nutzen außerhalb der Brutzeit landwirtschaftliche Flächen, Brachen und Feuchtgebiete.

Die Hauptverbreitung reicht von der südlichen Grenze Nepals quer über den ganzen Subkontinent bis zum Indischen Ozean. Parallel zum rasanten Wachstum der indischen Bevölkerung und der Intensivierung der Landnutzung schrumpft der Bestand an Saruskranichen. Wurde er 1985 noch auf 20 000 bis 25 000 Vögel geschätzt, so waren es 1996 nur noch 8 000 bis 10 000.

Ganz im Gegensatz zum Indischen Saruskranich meidet der Östliche Saruskranich *(G. a. sharpii)* die Umgebung des Menschen. Er ist fast während des gesamten Jahres an natürliche Feuchtgebiete gebunden. Lediglich außerhalb der Brutzeit kann man ihn auch auf Reisfeldern und nassem Grasland finden, sofern dieses durch Brennen kurz gehalten ist. Das einstige Verbreitungsgebiet ist mittlerweile stark geschrumpft. Bis heute haben nur noch 500 bis 1 500 Vögel in Vietnam, Laos und Kambodscha überlebt.

Der Australische Saruskranich *(G. a. gilli)* wurde erstmals 1953 in der Literatur erwähnt. Das Wissen über Biologie und Verhalten ist noch gering. Die Nahrungssuche erfolgt in flachen

Saruskraniche wachen
über ihre Jungen.

Sümpfen, auf landwirtschaftlichen Nutzflächen und im Grasland. Einige der Vögel sind Teilzieher, d. h. sie fliegen von ihren Brutgebieten im Westen der Cape York Halbinsel etwa 400 Kilometer ins Überwinterungsgebiet im östlichen Teil der Halbinsel. Die genaue Populationsgröße ist unbekannt, der Bestand wird auf unter 5 000 Kraniche geschätzt. Die silbergrauen Saruskraniche sind aus der Entfernung leicht mit dem Australischen Kranich zu verwechseln, dessen roter federloser Bereich sich auf den Kopf beschränkt.

ANHANG

Tabellen und Diagramme

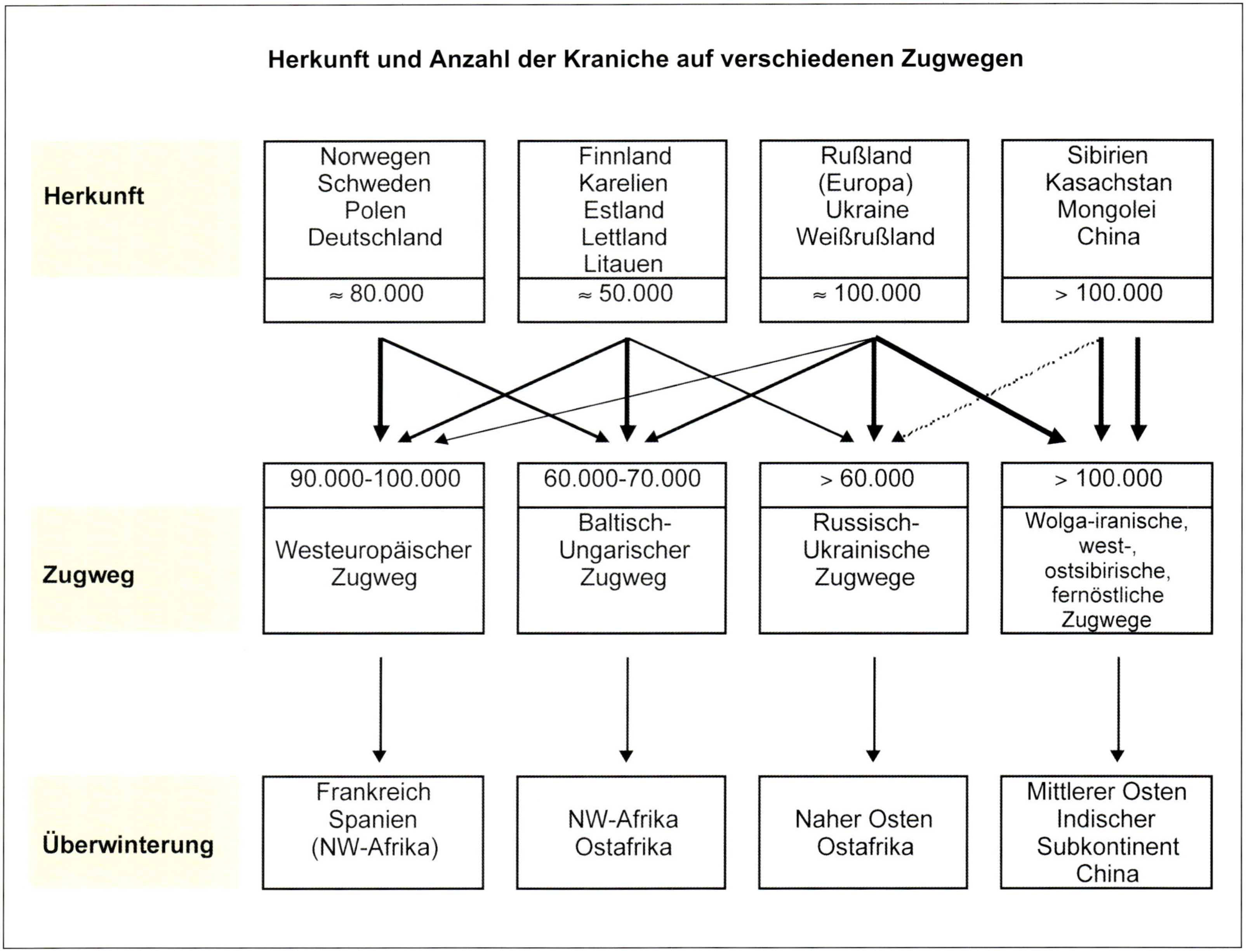

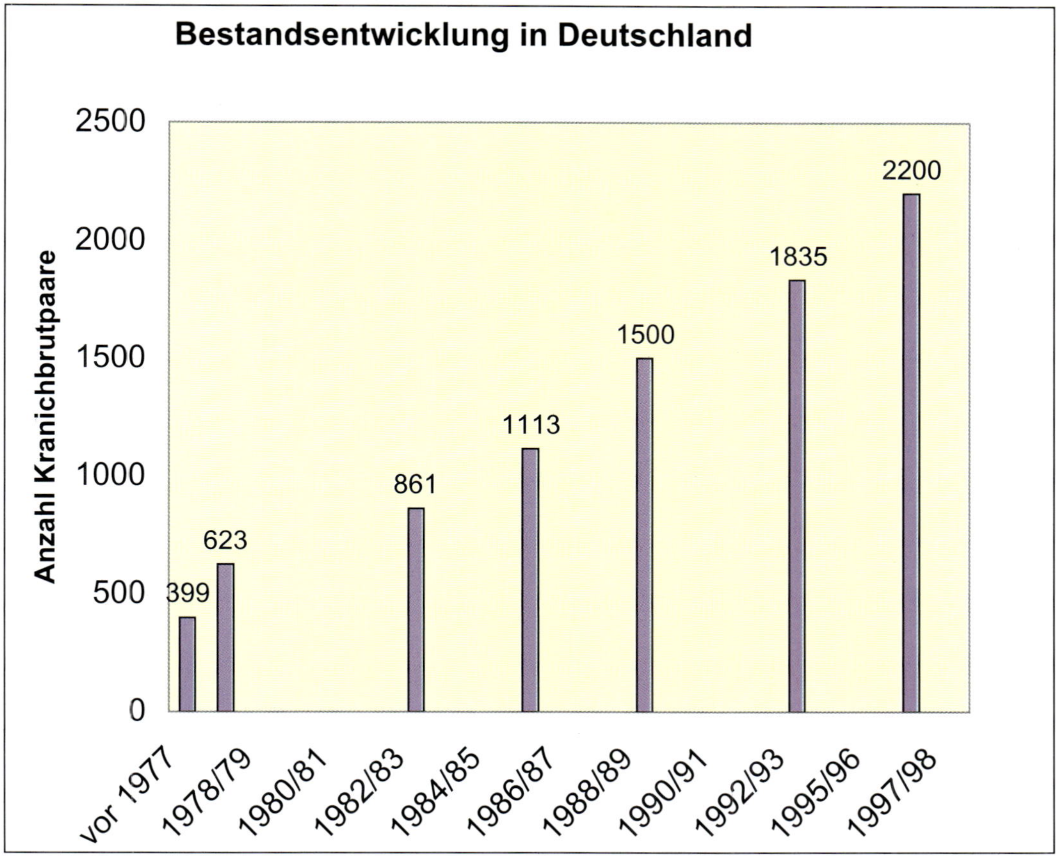

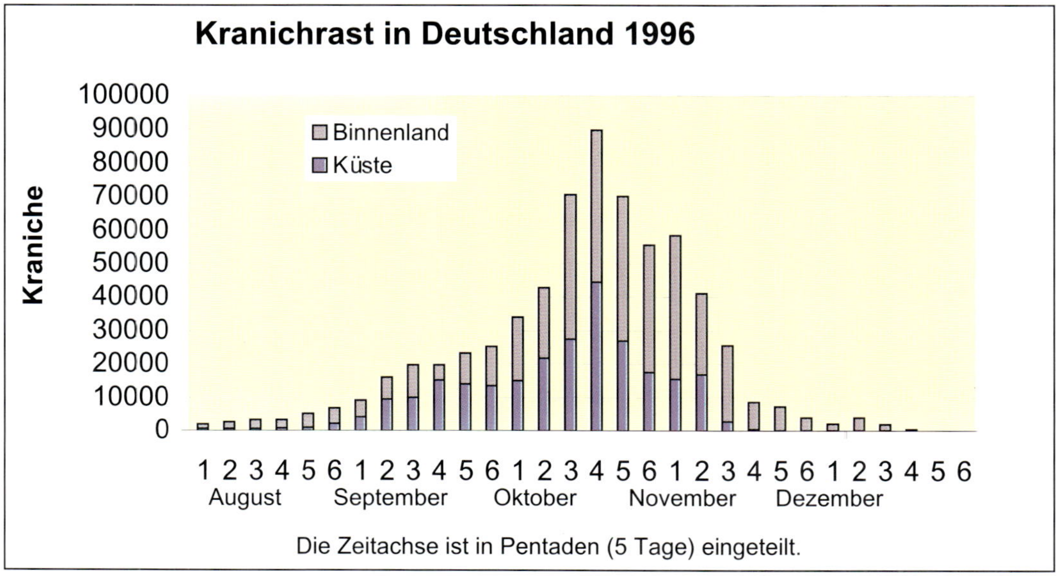

AUSGEWÄHLTE LITERATUR

ADENEX (1995): Programme for the conservation of the wintering habitat of the Common Crane in Extremadura. Report 1992 – 1994. In: H. Prange (Hrsg.): Crane Research and Protection in Europe. Halle/Saale: 479 – 488.

Alhainen, J. (1995): With Finnish Cranes to Africa. In: H. Prange (Hrsg.): Crane Research and Protection in Europe. Halle/Saale: 554 – 557.

Almeida, I. (1995): Situation and conservation perspectives of the Common Crane in Portugal. In: H. Prange (Hrsg.): Crane Research and Protection in Europe. Halle/Saale: 430 – 436.

Alon, D. (1999): Status of the Common Crane (Grus grus) in Israel. In: Proceedings der 3. Europäischen Kranichtagung, Halle/Saale (im Druck).

Alonso, J. C. & J. A. Alonso (1996): Updated estimate of numbers and distribution of Common Cranes wintering in Spain. Vogelwelt 117: 149 – 152.

Alonso, J. A. & J. C. Alonso (Hrsg.) (1990): Distribucion y demografia de la Grulla Común (Grus grus) en Espãnia. Colección Técnica, Madrid.

Archibald, G. W. & R.F. Pasquier (Hrsg.) (1987): Proceedings of the 1983 International Crane Workshop Bharatpur, India. ICF Baraboo, Wi.

Aristoteles (1831): Opera. Edidit Academica Regia Borussia, Aristoteles gracce ex recognitione Immanuelis Bekkeri. Nachdruck Darmstadt, Wissensch. Buchgesellschaft 1960.

Ashtiani, M. A. (1999): Distribution and conservation of cranes in the Islamic Republic of Iran. In: Proceedings der 3. Europäischen Kranichtagung, Halle/Saale (im Druck).

Baer, W. (1907): Die Brutplätze des Kranichs in Deutschland. Orn. Mschr. 32: 164 – 171, 227 – 234, 300 – 313.

Beilfuss, R. D., W. R. Tarboton & N. N. Gichuki (Hrsg.) (1996): Proceedings African Crane and Wetland Training Workshop. International Crane Foundation, Baraboo, Wisconsin.

Berg, B. (1930): Mit den Zugvögeln nach Afrika. D. Reisner und E. Vohsen, Berlin.

Cramp, St. & K. E. L. Simmons (1980): Handbook of the Birds of Europe, the Middle East and North Africa. Oxford University Press. Oxford, London, New York.

Ellis, D. H., G. F. Gee & C. M. Mirande (Hrsg.) (1996): Cranes – Their Biology, Husbandry and Conservation. Washington DC, Baraboo.

Fintha, I. (1995): The situation of the Common Crane in Hungary from the turn of the last century with special regard to recent years. In: H. Prange (Hrsg.): Crane Research and Protection in Europe. Halle/Saale: 437 – 445.

Fintha, I. (1999): Migration of cranes in Hungary. In: Proceedings der 3. Europäischen Kranichtagung. Halle/Saale (im Druck).

Gavris, G. G. (1999): The current status of cranes (Grus grus) in Ukraine. In: Proceedings der 3. Europäischen Kranichtagung. Halle/Saale (im Druck).

Gesner, C. (1569): Vollkommenes Vogel-Buch. Reprint 1989. Schlütersche Verlagsanstalt, Hannover.

Graumann, G. (1999): Möglichkeiten und Probleme der Besucherlenkung an Kranichschlafplätzen der Rügen-Bock-Region. In: Proceedings der 3. Europäischen Kranichtagung. Halle/Saale (im Druck).

Haanpää, P. (1957): Eine Kranichgeschichte. In: W. Meier (Hrsg.): Tiergeschichten. Zürich, Manesse: 327 – 336.

Hachfeld, B. (1989): Der Kranich. Schlütersche Verlagsanstalt. Hannover.

Hacks, P. (1990): Blaue Prinzen und andere böse Buben. 10 erstaunliche Märchen. Hauser, München und Wien: 109 – 128.

Hamm, F. (1976): Naturkundliche Chronik Nordwestdeutschland. Landbuch-Verlag, Hannover.

Janossy, D. (1989): Vorfahren der Kraniche. In: H. Prange: Der Graue Kranich. A. Ziemsen, Wittenberg-Lutherstadt: 20 – 21.

Johnsgard, P. A. (1983): Cranes of the World. Indiana Univ. Press, Bloomington.

Karlsson, S. & B. Kalsson (1974): Der Zug der Kraniche. Bertelsmann Lexikon – Verlag, Gütersloh.

Karlsson, S. & B. Karlsson (1980): Tranor. Bilder och beskrivningar av samtliga arter. Stenström Interpublishing, ABI Stockholm.

Kawabata, Y. (1971): Tausend Kraniche. Prosa. Verlag Volk und Welt, Berlin.

Kleist, E. v. (1968): Der gelähmte Kranich. In: A. Sauer (Hrsg., 1880-1882): E. v. Kleists Werke. Gustavtempel, Berlin. Nachdruck Herbert Lang, Bern. 1968: 104.

Leopold, A. (1949): Am Anfang war die Erde. Sand County Almanac. Knesebeck GmbH & Co, München 1992.

Libbert, W. (1936): Der Zug des Kranichs (Grus grus grus). J. Ornithologie 84: 297 – 337.

Libbert, W. (1957): Massenzug des Kranichs (Grus grus) im Herbst 1955 und seine Ursachen. Vogelwarte 19: 119 – 132.

Litvinenko, N. M. & I. A. Neufeldt (1988): The Palearctic Cranes. Acad. Sci. USSR, Amur – Ussuri Branch, Wladivostok, 236 S. (English abstracts).

Lundgren, S. (1999): Breeding areas, population density and reproduction of Common Cranes (Grus grus) in the Tranemo Area, South Sweden. In: Proceedings der 3. Europäischen Kranichtagung. Halle/Saale (im Druck).

Ma, Y. & X. Li (1999): The status and conservation of cranes in China. In: Proceedings der 3. Europäischen Kranichtagung. Halle/Saale (im Druck).

Markin Y. & Y. E. Sotnikova (1995): Autumn resting of the Common Crane in West Russia. In: H. Prange (Hrsg.): Crane Research and Protection in Europe. Halle/Saale: 204 – 205.

Mayer, A. (1987): Kleine Kulturgeschichte des Kranichs. In: Wenn der Kranich zieht. Edition Deutsche Lufthansa AG: 41 – 55.

Meine, C. D. & G. W. Archibald (1996): The Cranes – Status Survey and Conservation Action Plan. IUCN, Gland, Schweiz and Cambridge, UK.

Mewes, W. (1995): Bestandsentwicklung des Kranichs Grus grus in Deutschland und deren Ursachen. Dissertation, Univ. Halle-Wittenberg.

Mewes, W. (1996): Bestandsentwicklung, Verbreitung und Siedlungsdichte des Kranichs in Deutschland. Vogelwelt 117: 103 – 109.

Mewes, W. (1996): Bruthabitatnutzung des Kranichs in Deutschland. Vogelwelt 117: 111 – 118.

Mewes, W. (1996): Zur Überwinterung des Kranichs in Ostdeutschland. Vogelwelt 117: 139 – 144.

Mewes, W. (1999): Zur Reproduktion des Kranichs in Deutschland. Vogelwelt 120 (im Druck).

Miikkulainen, A. (1995): What radio transmitters told about the migration of Finnish cranes. In: H. Prange (Hrsg.): Crane Research and Protection in Europe. Halle/Saale: 558 – 560.

Neufeldt, I. A. & J. Keskpaik (Hrsg.) (1987): Communications of the Baltic Commission for the study of bird migration. Nr. 19. Crane Study in the USSR. Akad. Sci. Estonian SSR. Tartu, 223 S. (English abstracts).

Niethammer, J. (1966): Der Zug von Kranichen (Gruidae) bei Kabul, Afghanistan. Vogelwarte 23: 308.

Nowald, G. (1994): Habitatnutzung einer Frühjahrsrastpopulation des Kranichs Grus grus. Diplomarbeit, Univ. Osnabrück.

Nowald, G. (1995): Zeitliche und räumliche Habitatnutzung einer Frühjahrsrastpopulation des Kranichs Grus grus in der Rügen-Bock-Region. In: H. Prange (Hrsg.): Crane Research and Protection in Europe. Halle/Saale: 537 – 547.

Nowald, G. (1996): Nahrungspräferenzen des Kranichs während der Herbstrast. Vogelwelt 117: 153 – 157.

Nowald, G., W. Mewes & H. Prange (Red.) (1996): Die Vogelwelt – Beiträge zur Vogelkunde. Schwerpunktthema: Der Kranich. 117, Heft 3, Wiesbaden.

Nowald, G., W. Mewes, J. C. Alonso & J. A. Alonso (1996): Farbmarkierung von Kranichen Grus grus in Deutschland – ein Zwischenbericht. Vogelwelt 117: 119.

Nowald, G. (1999): Erste Ergebnisse zur Reviergröße und zur Raumnutzung jungeführender Kraniche *(Grus grus)* in Mecklenburg-Vorpommern. Vogelwelt 120 (im Druck).

Nowald, G., Drobelis, E., Leito, A. & Vaverins, G. (1999): Der Brutbestand des Kranichs *(Grus grus)* in Estland, Lettland und Litauen: Siedlungsdichte, Verbreitung und Brutplatztypen. Vogelwelt 120 (im Druck).

Ornithological Centre of Champagne-Ardenne (1995): Protection and management of the staging zones of the Common Crane (Grus grus) – Lake der Chantecoq (Champagne-Ardenne). In: H. Prange (Hrsg.): Crane Research and Protection in Europe. Halle/Saale: 489 – 519.

Prange, H. (1989): Der Graue Kranich. A. Ziemsen, Wittenberg-Lutherstadt.

Prange, H. (1994): Zur Situation des Kranichs in Europa – Entwicklungen, Schutzmaßnahmen und künftige Aufgaben. Bucephala, Berlin 1, H.2: 83 – 96.

Prange, H. (1995): Occurence of cranes in Europe – evolution, protective measures and future tasks. In: H. Prange (Hrsg.): Crane Research and Protection in Europe. Halle/Saale: 383 – 415.

Prange, H. (Hrsg.) (1995): Crane Research and Protection in Europe. Martin-Luther-Universität Halle-Wittenberg.

Prange, H. (Hrsg.) (1995): New Results of Crane Research in Europe. In: H. Prange (Hrsg.): Crane Research and Protect on in Europe. Halle/Saale: 476 – 580.

Prange, H. & J.-E Petersen (Hrsg.) (1995): Conservation of the Common Crane in Europe – towards a long-term strategy. International Conference in Orellana la Vieja, Spain. In: H. Prange (Hrsg.): Crane Research and Protection in Europe. Halle/Saale: 387 – 475.

Prange, H., J. C. Alonso & J. A. Alonso (Hrsg.) (1995): Proceedings of the Palaearctic Crane Workshop in Tallinn, Estonia. In: H. Prange (Hrsg.): Crane Research and Protection in Europe. Halle/Saale: 3 – 386.

Prange, H. (1996): Entwicklung der Kranichrast in Deutschland von 1960 bis 1995. Vogelwelt 117: 125 – 138.

Prange, H., G. Nowald, & W. Mewes (Hrsg.) (1999): Proceedings of the 3 rd European Crane Workshop. Proceedings der 3. Europäischen Kranichtagung. Halle/Saale (im Druck).

Prange, H. (1999): Der Zug des Grauen Kranichs Grus grus in Europa. Vogelwelt 120 (im Druck).

Proceedings ICF Working Groups on European Cranes. First meeting 21 – 26 Oct. 1985, Orosháza- Kardoskút, Ungarn. In: Aquila 1986 / 87, Bd. 93 – 94: 15 – 254.

Rahmani, A. R. (1999): Status and Conservation of the Common Crane Grus grus in India. In: Proceedings der 3. Europäischen Kranichtagung. Halle/Saale (im Druck).

Rinne, J. (1995): The crane „Karpalo" has been tracked from Finland to Hungary by using satellites. In: H. Prange (Hrsg.): Crane Research and Protection in Europe. Halle/Saale: 551 – 553.

Rozow, S. v. (1959): Die ewig Liebenden (Die Kraniche ziehen). Henschelverlag, Berlin.

Salvi, A., P. Petit & C. Riols (1995): Programme for the protection of the crane on its migratory route through France. In: H. Prange (Hrsg.): Crane Research and Protection in Europe. Halle/Saale: 416 – 429.

Salvi, A., C. Riols, P. Petit & G. Moreau (1996): New data of the Common Crane Grus grus in France. Vogelwelt 117: 145 – 147.

Sánchez Guzmán, J. M., A. Sánchez Garsia, A. Fernandez Garcia, A. & A. MuÒoz del Viejo (Hrsg.) (1993): La Grulla Común (Grus grus) en Extremandura. Univ. Badajoz.

Sánchez Guzmán J. M., J. M. Aviles & F. J. Medina (1999): Status and trends of the Common Crane Grus grus on the West-European Route. In: Proceedings der 3. Europäischen Kranichtagung. Halle/Saale (im Druck).

Sanwald, G. (1995): Der Kranich – Bild und Wirklichkeit in Kunst und Literatur. Unveröffentl. Manuskript.

Schüz, E. (1971): Grundriß der Vogelzugskunde. Berlin.
Serebryakov, N. & A. Poluda (1999): Recent data on Common Crane migration in Ukraine (1989-1996). In: Proceedings der 3. Europäischen Kranichtagung. Halle/Saale (im Druck).

Swanberg, P. O. & K. Bylin (1993): Tranan. Studier i den euroasiatiska tranans biologi. Var Fågelvärld, Suppl. 17, Stockholm.

Tan, Yaokuang (1983): Der Rotkronenkranich. Verlag China im Bild, Beijing.

Treuenfels , C.-A. von (1998): Kraniche – Vögel des Glücks. Rasch und Röhring, Hamburg.

Ulbricht, J. (1999): Nahrungsflächen des Kranichs während der Herbstrast auf Rügen. In: Proceedings der 3. Europäischen Kranichtagung. Halle/Saale (im Druck).

Urban, E. K. (1987): The Cranes of Africa – an Overview. In: G. W. Archibald & R. F. Pasquier (Hrsg.): Proceedings of the 1983 International Crane Workshop Bharatpur, India. ICF Baraboo, Wi.: 307 – 315.

Urban, E. K. (1996): Status of Cranes in Africa, 1994. In: Beilfuss, R. D., W. R. Tarboton & N. N. Gichuki (Hrsg.): Proceedings African Crane and Wetland Training Workshop: 53 – 59.

Willemsen, C. A. (1936): Das Falkenbuch Kaiser Friedrich II. nach der Prachthandschrift in der Vatikanischen Bibliothek. Harenberg Kommunikation, Dortmund.

REGISTER

Die halbfett wiedergegebenen Ziffern verweisen auf Seitenzahlen mit Abbildungen.

BILDNACHWEIS

Archiv für Kunst und Geschichte, Berlin: 10/11, 13
Badisches Landesmuseum, Karlsruhe: 8
Eyal Bartov, Haifa, Israel: 63, 78/79
Belser Faksimile Editionen, Luzern, Stuttgart: 9
Stefan Benfer, Bad Laasphe: 26
Manuel Calderón, Castuera, Spanien: 71
Gertrud & Helmut Denzau, Essen: 101
Hermann Dirks, Löningen: 24 unten links, 28 links, 55, 74
Bruno Dittrich, Hamburg: Titel, Rückentitel, 3/4
Kurt Flimm, Karlsruhe: 12
Hubert Freymann, Joachimsthal: 17, 21, 40 unten, 41, 44
Robert Groß, Fulda: 50/51, 56/57, 94 links
Kranichschutzzentrum Groß Mohrdorf: 28, 29, 67, 102, 103
Bernd Lamm, Haltern: 4/5, 24 oben, 27,42/43, 45, 49, 50
Francisco Márquez, Talavera de la Reina, Spanien: 16
Museum für Angewandte Kunst, Wien: 14/15
Günter Nowald, Groß Mohrdorf: 2, 20, 28 rechts, 29, 35 rechts, 36 links, 47, 50 links, 52/53, 59, 67, 77, 78/79
Okapia, Frankfurt: 6, 37 oben, 39, 73, 87, 89, 90, 90/91, 95 rechts, 100
Hartwig Prange, Halle: 15, 37 unten, 40 oben
David Rankin, International Crane Foundation Baraboo, Wisconsin: 82/83
Reinhard-Tierfoto, Heiligkreuzsteinach: 85, 86, 93 links, 97, 98, 99 rechts
Jorge Sierra, Madrid, Spanien: 64/65, 68/69
Walter Thiel, Schwerin: 36/37
Sture Traneving, Mariestad, Schweden: 88, 94, 99 links
Carl-Albrecht von Treuenfels, Neu-Horst: 92, 93 rechts
Stefan Völkel, Bad Berleburg: 24 unten rechts, 32/33, 34/35
Bernhard Volmer, Osnabrück: 18, 19, 23
Peter Wernicke, Thurow: 25, 54

AUTOREN

Dr. Wolfgang Mewes
Biologielehrer und Ornithologe, Vorsitzender der Leitungsgruppe der Arbeitsgemeinschaft „Kranichschutz Deutschland“. Seit drei Jahrzehnten Koordinator für beinahe 100 ehrenamtliche Brutplatzbetreuer und selbst Kontrolleur von circa 40 Kranichrevieren. Leiter des Naturparkes „Nossentiner/Schwinzer Heide“ in Mecklenburg-Vorpommern. Zahlreiche wissenschaftliche Veröffentlichungen zum Kranich.

Günter Nowald
Diplom-Biologe, Leiter des Kranich-Informationszentrum (NABU, WWF, Lufthansa Umweltförderung) in Groß Mohrdorf bei Stralsund, Koordinator für die Kranichberingung und Besenderung in Deutschland. Publikationen und zahlreiche gemeinsame Projekte mit Kranichschützern und Wissenschaftlern in ganz Europa.

Prof. Dr. Hartwig Prange
Tierarzt, Lehrstuhlinhaber für Tierhygiene mit Tierklinik an der Landwirtschaftlichen Fakultät der Martin-Luther-Universität Halle-Wittenberg. Seit über 30 Jahren Landeskoordinator für den Schutz der Kranichrastplätze und seit 1989 verantwortlich für die European Crane Working Group bei der Erarbeitung einer aktuellen Bibliographie in „Crane Research and Protection in Europe“ (1995). Neben anderen Schriften zum Kranich Autor der Monographie „Der Graue Kranich“ (Wittenberg-Lutherstadt, 1989).

In gleicher Ausstattung sind in unserem Programm erschienen:

120 Seiten, über 100 Farbabbildungen,
gebunden, DM 48,–,
ISBN 3-7650-8186-8

Auf nur 92 Quadratkilometern bietet das kleine Vulkangebirge am Oberrhein einen für Deutschland einzigartigen Reichtum seltener Tiere und Pflanzen. In diesem Buch werden, neben einem kurzen Abriß der erdgeschichtlichen Entstehung und einigen Anmerkungen zur Kulturgeschichte, die einzelnen Großlebensräume beschrieben. Charakteristische Vertreter der Fauna und Flora, wie die Gottesanbeterin, die Röhrenspinne, Wiedehopf, Nachtigall, Bienenfresser, Smaragdeidechse und die zahlreichen Orchideenarten werden im Detail vorgestellt. Weit über hundert Aufnahmen zeigen eindrucksvoll die Naturvielfalt in der alten Kulturlandschaft des Kaiserstuhls.

84 Seiten, 60 Farbabbildungen,
gebunden, DM 39,–,
ISBN 3-7650-8143-4

Viele Menschen kennen den Eisvogel von Fotos oder aus Naturfilmen, aber nur wenige haben ihn schon „live" gesehen. Der farbenprächtige Königsfischer führt ein heimliches Leben und ist in unserer wohlgeordneten Kulturlandschaft selten geworden. Ungefesselte Flüsse und Bäche sind sein Lebensraum. Hier jagt der Eisvogel mit ausgefeilter Technik Fische vom Stichling bis zum jungen Hecht.
Der Bildband gibt Einblicke ins Reich des Eisvogels, schildert Nahrungserwerb, Familienleben und Überwinterung des „fliegenden Edelsteins", aber auch die Probleme, die für ihn durch Eingriffe des Menschen entstehen.

112 Seiten, 60 Farbabbildungen,
gebunden, DM 48,–,
ISBN 3-7650-8135-3

Hunderttausendfacher Mord an Singvögeln? In den Mittelmeerländern ja, aber niemals in Deutschland! Trotzdem ist es traurige Wirklichkeit: Jedes Jahr werden hierzulande Krähen, Elstern und Eichelhäher, die alle als Rabenvögel zu den Singvögeln gehören, in riesigen Mengen abgeschossen.
Das „schwarze Gesindel" weckt vielfach abergläubische Scheu und Aggressionen. Es gilt als schädlich, räuberisch, bedrohlich. Bei genauerer Betrachtung aber entpuppen sich die Tiere als intelligente, eindrucksvolle Vogelgestalten mit faszinierender Lebensweise und äußerst differenziertem Verhalten. Beides weiß der renommierte Ornithologe Dr. Wolfgang Epple inhaltsreich und spannend zu beschreiben.

108 Seiten, 40 Farbabbildungen,
zahlreiche Zeichnungen,
gebunden, DM 44,–,
ISBN 3-7650-8104-3

Eulen gelten seit jeher als geheimnisvolle Vögel der Nacht von magischer Faszination. Sie verkörpern die Mächte der Finsternis und sind von alters her auch Symbole für Weisheit und Mut. Die schönsten unter ihnen sind die Schleiereulen, ausgezeichnet durch ganz besondere Fähigkeiten und Verhaltensweisen. Weltweit haben sie sich über Jahrhunderte hinweg den von Menschen geschaffenen Lebensräumen in den verschiedensten Kulturlandschaften angepaßt. Trotzdem sind auch sie mittlerweile bedroht.